三亚金陵度假村　建筑设计：钟训正

江苏省南通市中医院住院部　建筑设计：陈励先　王文卿

南通中学艺术长廊　建筑设计：张雷

绍兴沈园二期工程　建筑设计：朱光亚　周思源

也门塔兹大学　建筑设计：鲍家声

桂林市中心城环城水系设计

市民与旅游者活动系统

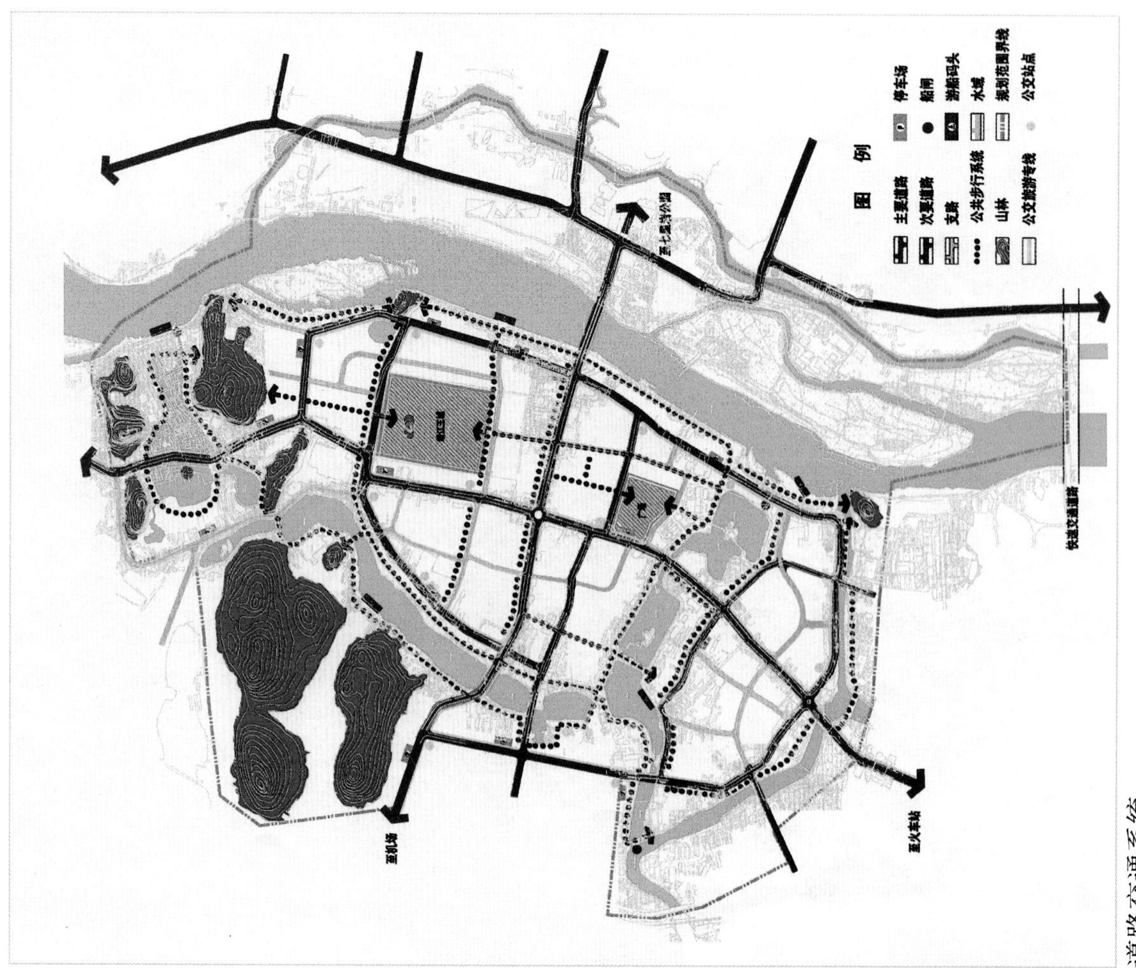

道路交通系统

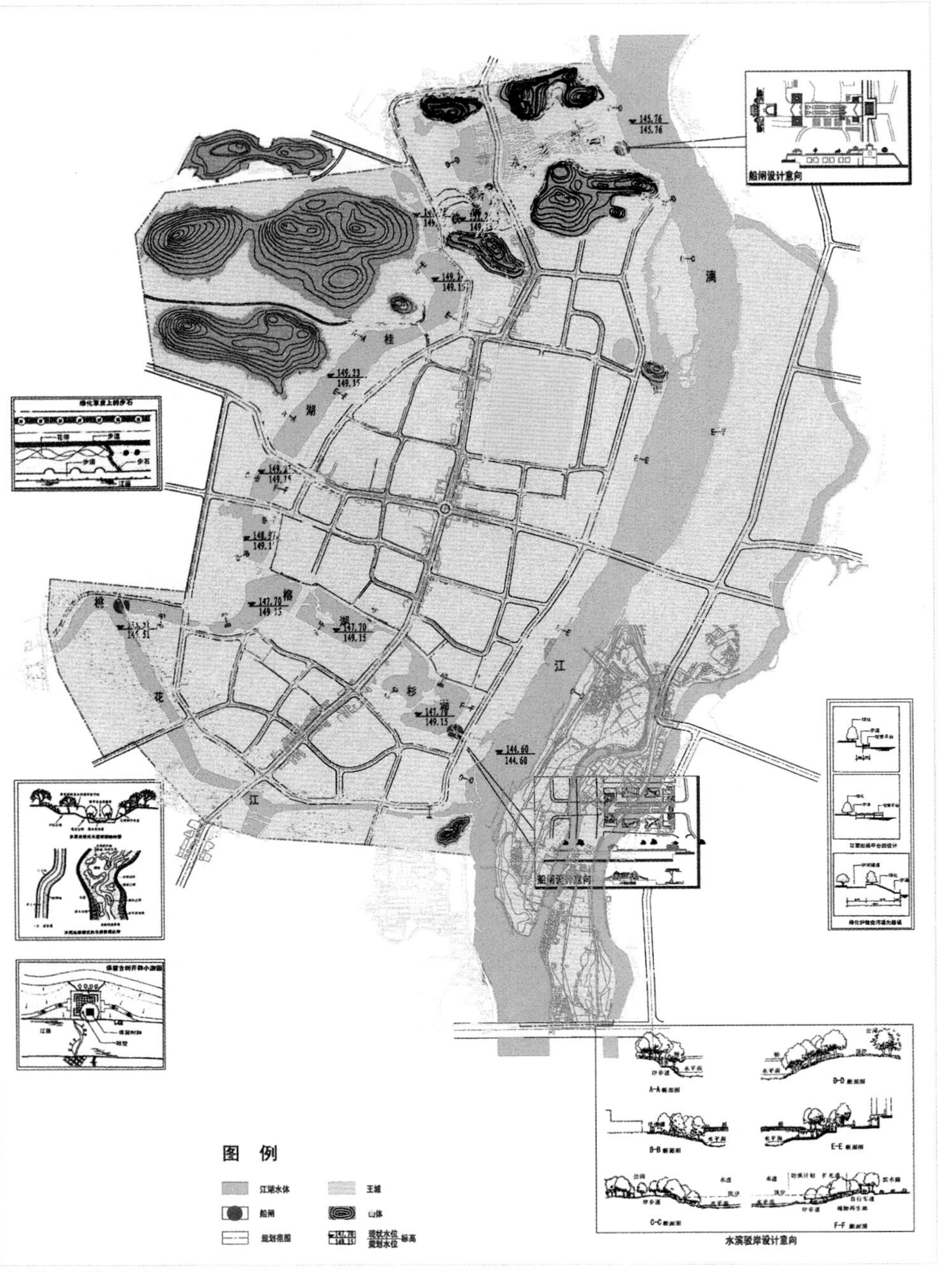

水体系统分析

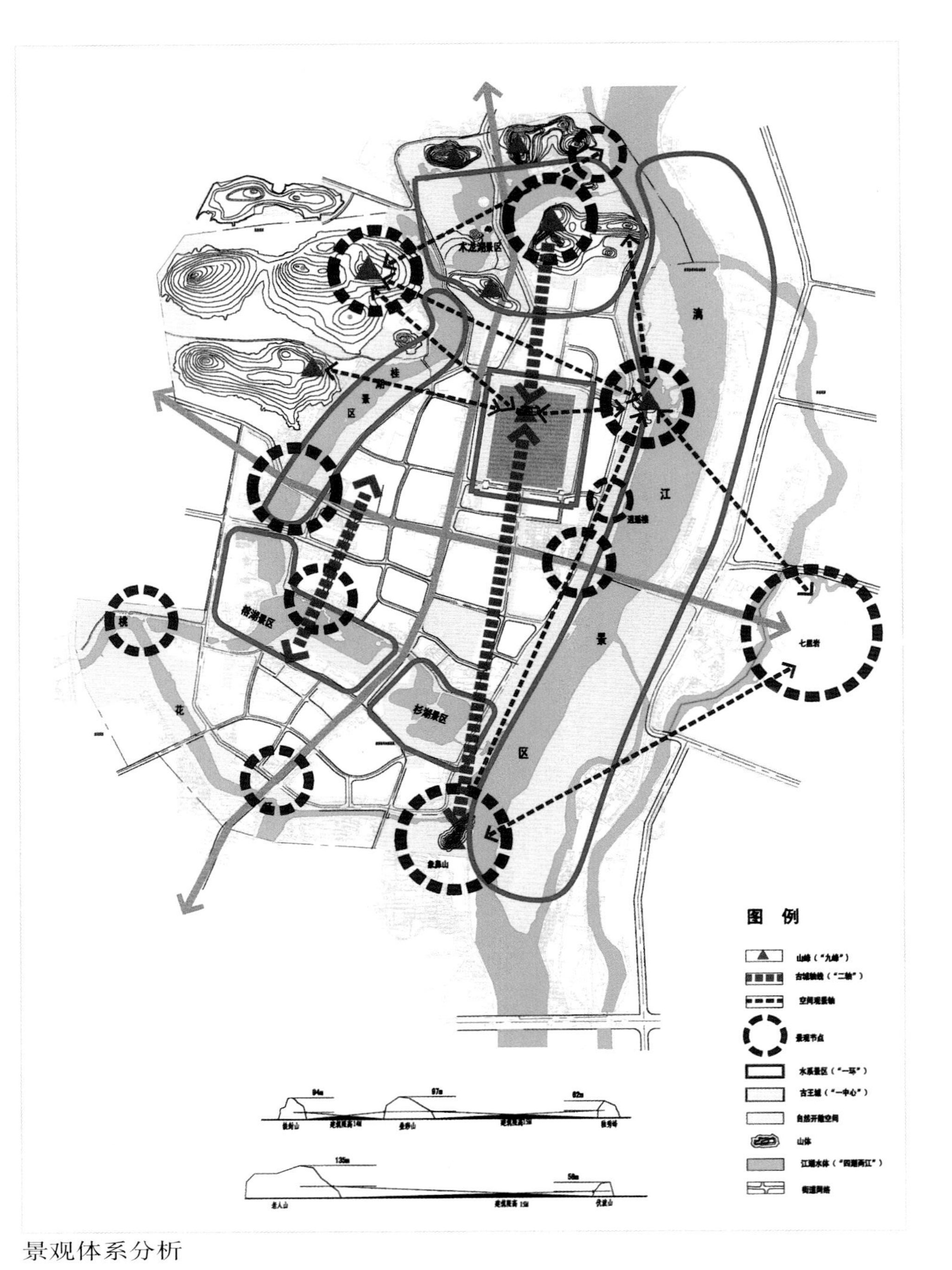

景观体系分析

东南大学建筑系设计作品选

宿迁市人民政府办公楼　建筑设计：冷嘉伟　卢志昌　周广如

锡澄高速公路堰桥线上式服务区　建筑设计：仲德昆

浙江绍兴柯岩景区石佛景点普照寺　建筑设计：杜顺宝　周炜　王海华　王维

建筑师

目录 建筑师

[建筑学术双月刊]

东南大学建筑系·建筑研究所专辑

中国建筑工业出版社
《建筑师》编辑部编辑

第90期1999年10月
(逢双月末出版)

封面:“九·一八”历史博物馆　建筑设计:齐　康

90期

ARCHITECT

书在版编目(CIP)数据

建筑师 (90)/《建筑师》编辑部编 . - 北京：中国建
工业出版社，1999
SBN 7-112-03941-X
. 建… Ⅱ. 建… Ⅲ. 建筑学-丛刊 Ⅳ. TU-55
国版本图书馆CIP数据核字(1999)第57846号

中国建筑工业出版社出版、发行
(北京西郊百万庄)
新 华 书 店 经 销
北京市兴顺印刷厂印刷
开本：880×1230毫米 1/16
印张：7 彩插：2 字数：320千字
1999年10月第一版
1999年10月第一次印刷
印数4500册 定价：**18.00**元
ISBN-7-112-03941-X
TU·3076(9324)

建筑论坛

创作与灵感
——我的读书札记

齐　康

一般地认为灵感是人们大脑思维最复杂、最有启发的精神，在艺术创作中它是一种突出和创新，但又建立在现实的基础上，作为建筑艺术表现中的形象思维，它的创新也是建筑实践活动中一种新的飞跃。这种现象可以认为是一种耦合，各相关思维因素的共同产生；是一种互通，在互通中产生新的思维；是一种巧遇，在相对机遇中巧合而产生思维，具创新的结果也带来了新的创作方法。我们不妨归结为：结构的构思，即从功能使用上去设想结构特点及其形象；功能使用的构思，即从建筑使用需要作出的空间思维，含着自然界和人造环境中声、光、热、冷等对建筑的影响而产生新的影响因素；形象思维，它是建筑艺术的情感表现，一种精神物化，建筑的形象又有它自身的特点。它综合地来自自然，来自宗教，来自社会和科技的变革，来自历史文化的传统，是形和情、意和情的反映，最终反映了一定的意义。形象的特征有一定的地区性、民族特点，构思还来自人们的意境及环境的感应。最后，它是主客观思维条件的碰撞；创作意识的互通；一种触类旁通；一种各种社会文化背景总的环境的感应。创作者需要扩大知识面，要使构思者在思维中积极而主动，并且需要不断地从事实践活动。

建筑创作是一种艺术表现的行为，它需要有创作的思维，并在创作思维中突破。而我们从事建筑设计创作过程中，常常会感到一种奇妙的、难以捉摸和想象的突破性表现。这种表现称之为灵感的出现。这神奇的现象使我们的设计创作者带有生气，使我们的设计走向成功之路，它是起点、启蒙和开端。

首先我们会问灵感是怎么得来的，是天赋、先天、先验的还是后来的呢？灵感的得来在科学上尚待进一步探讨，但可以认为它是人们大脑思维最复杂、最有启发的精神活动。

历史的长河中，有许多创造发明、创新现象，都是在关键的一刹那，我们归之为灵感，在人们对此现象的由来，往往归就于上天或迷惑不解。历史上一些哲学家如柏拉图提出的“神赐天启论”，康德提出的“先验天才论”，以及弗洛伊德提出的“潜意识论”等都企图阐明灵感思维的由来，并加以解释，但都未得以说明。

怎样使创作者获得一种科学的灵感呢？应当说灵感是一种创新、实破的新的思维、在社会变革和科学演进的时代里，从创造发明以至艺术上的创新，无不在思维过程中，在闪耀的火花中得到启迪。同样在建筑创作中我们获得的灵感，促使我们的创作设计得以提高和前进，我们需要珍视这种灵感给予我们工作中取得的启示。

再有，创新意味着对旧思维、旧模式、旧规范的突破，对旧的常规框架——思维框架的超越，意味着建筑创作实践认识活动的一种新的飞跃。

突破、超越、飞跃是创造性灵感的产物。灵感与现象、灵感与实践、灵感与探求都是一对对不可分离的矛盾。为此我们需要作出探索，这是思维科学的一个组成部分，是我们从事具体的工作在认识论和方法论上应当探求的。

如果我们把灵感的出现看成思维因子的相互拼发、撞击、突破、互通而产生新的思维因子，那么是可以认为新思维、新的创作形象、新的构想的产生是大脑中诸思维因子撞击的结果。

这种现象可以认为是一种耦合，即各相关思维因子的共同产生的耦合。

这种现象可以认为是一种互通，即各种相关思维因子在互通中产生新的思维现象。

这种形象可以认为是一种巧遇，新的思维因子在一定相对的机遇中巧合而产生新的思维，得出一种与众不同的新的构想、方法和结果。

具体到人，它是人们大脑内敏感程度内在素质上的表现。我们的观点是辩证思维和科学分析。即是灵感的获得必须通过人的实践活动，这是创造性思维的基本条件，这种创造性的思维又是思维的积极和激化的升华，没有这种条件什么灵感也不可能出现的，前一条件是实践的积累、知识的叠加，后者是横向知识交叉的某种触发。

我们建筑创作正是寓于建筑构成的实体和空间之中，建筑的构成正是受到环境、现状、结构、材料、施工技术以及管理者、使用者的建造意识、观念、社会经济的影响和历史文化的影响，都有着自身的创作特点，也就是说有着他自身灵感的触发点。

上面已经阐述了创造性思维、社会性的实践是灵感产生的基本因素，下面探讨的将是建筑创作的前奏——构思的灵感。

建筑创作（建筑设计）是为人们建造一种良好的物质和精神环境，它研究的是在一定的（相对的）基地上组织人们生存、生活、工作的需要的实体和空间（内部的和外部的），从总体上分析是在不同进程中，组织和发展、演变着从实体和空间之间的关系，本质上讲人们始终在研究这种空间造型的关系。在艺术造型范畴内，雕塑也是研究造型实体和空间的关系，但它只是供人们欣赏，而建筑更重要与之区别的还在于它能提供人们生活活动的空间。

建筑创作活动，与人的生活环境相互关联。人们的居住、生产、工作、学习，及交通、体育、商业、医疗、社交、集会、观赏、纪念、宗教、司法、行政管理活动等等都具备着联系，它总揽了各种相关的艺术及其生活环境。但归结于物质和精神两个方面，这两个方面有时交叉交汇，有时各有主从，我们在研究构思灵感的来源时不妨从以下几个方面作出探索。

一、结构的构思

人类最原始的栖居处所，其用途就是求得栖身之地。先是自然的洞穴，而后筑穴而居，而在营建的实践活动中认识到可用的结构物来作为掩蔽体，以防日晒、风雨的袭击和野兽的侵扰。结构的构筑物形成是与当时所能运用的技术、材料密切相关。在劳动过程中本能地使构架完善和美化（构架本身也具有美的属性，一种力的美），洞穴内的壁画则更是人的情感、移情于物和物的美化的表现，这是最初的建筑美的创造。随着时代的发展，技术的进步，材料的改进，以及新技术、新材料、新的施工方法的形成，在满足使用需求的前提下（包括精神上的需求），结构的特征及其产生的形象和提供的空间场所，才成为人们创造、创作构思之一和创作源泉之一。在现代建筑中，这种新的材料的应用，在建筑创作中起着十分重要的作用。那种工程建筑（engineening architecture），不能不认为在任何时代，以其基本构架显示其美的形象，我们的思维灵感就是要从这个方面出发作出研究。表现结构、表现构件成为建筑艺术表现之一。

二、功能使用的构思

以适用、使用为目的，作为人们的行为需求（物质的、精神的）的空间而达到实用的目的，这是建筑创作构思最基本的要求。首先功能构思是人们生产、生活、工作、精神上的需求而引起的，更进一步则是行为、活动表现的场地，以及空间使用上的要求。

社会的发展，功能上的改变，常常形成一定时期全社会的活动模式，必然带来在建筑上利用技术、材料和艺术上的一种相对稳定的形制，这种形制大到城市，小到反映人的室内活动的自身特点。功能构思不仅表现在平面上，而且表现在体量和空间特征上。功能构思是从实用出发为目的，而引起建筑创作设计的构想和构思。

功能构思除人的使用外，还包括自然的环境（声、光、热）对人体的适应情况，如隔绝噪声、隔热遮阳等等都在建筑形象上产生新的表现特征。南京鼓楼医院门诊楼的设计就是功能构思的实例，它即组织和分割不同科室的功能，而又考虑对室外干道的噪声外墙的隔声板，造成一种特殊的外部造型。

三、形象构思

人的情感表现自然要在建筑形象上得到反映。情感的爱好、寄托、怀念、追思构成总的情感特征，它一旦形成被人们认可的现象，就成为一个时期全社会的形象标志。形象的表现是永远离不开物质表现的，这种物质的表现又以形象给人们以突出的印象。研究形象是研究艺术表现中最基本、最重要的课题。形象的研究是人们十分复杂的精神活动。形象的特征来自自然的反映，图腾信仰、日月崇拜、神灵的宗教信仰等等都对宗教形象的产生起作用。市民的世俗活动、爱好、趣味、民族的传统、风尚以及所引起的祭祀、典礼、崇敬、哀悼等等形成了一定社会纪念形象和社会一定的约定礼仪和产生的形象。所有社会的情感、精神世界都要得以物化。可以认为，形象的特征来自精神的反映，是精神的物化。人们对社会发展的程度、对精神反映产生的物化是在不断演变、不断深化之中，因此对形象的概念的全社会性也在起变化。

精神的物化可以大体归结为：

来自自然——对自然的崇拜到对自然的欣赏和爱好以及对生态平衡的认识，都对建筑形象产生影响。远古时代的宗教迷信崇拜到现代仿生、生态建筑的产生，这都受到自然的影响，促使灵感构思的迸发。

来自宗教——社会的仪式、宗教活动，中世纪的宗教教堂和佛教、道教的寺庙、道观都产生其形象特征，所有这些精神物化都含有一定的意义。

来自社会和科技的变革、变化所产生的事件、事迹及特征，以及精神文化、艺术表现的反馈对建筑形象的影响，更突出的表现为纪念建筑的形象。社会的特定社会性质，如制度的不同、信仰上的差异，及其在行政、社会上产生一个时期社会活动形式的约定都会对建筑形象产生影响，特别是社会活动和社会需求和科技上的特点都会在形象上产生变化，有时也能产生特有的形象，而这特有形象又给予人们在观念上对类型建筑形象产生特定的反应。如图书馆、银行、影剧院等的不同性质而产生种种不同形象特征。

作为社会、民族的形象标志，通常反映到纪念性、代表性、象征性的建筑形象上来。在艺术手法上显形和隐形，其内涵都是人们深层思维的结果，都是建筑艺术创作灵感的表现。

形象常常以具象来表达，一种以“形”表“情”，再是一种以“意”表“情”。建筑形象一旦为社会所公认，约定俗成，就带有文化性质，表达彼时彼地的建筑文化。文化是可以传播的，某些建筑形象可以在一个地区内得以传播开来。文化是需要继承的，文化的传承，它的形象有的可以在漫长的时间中留存下来，金字塔、方尖碑等形象的传承延续了悠长的岁月，这些形象的变形和移植是形象灵感表现的特点。

一般地说，形象都带有一定的内容意义和意蕴，但历史的发展和变革，有些形式的内容已失去其内涵含义，它的价值观念改变了，但人们在特定条件下随着它的历史价值、艺术价值、使用价值又赋予它新的含意，天安门是故宫的大门，但它是民主革命运动的所在地之一，又是宣布新中国成立的所在地，旧的内容已不复存在，但它的形式又赋以新的意义，这是个典型的例子。

人们需要新的文化，又要在新时代赋予新的含意，而又为社会所认可，这样变形的创造是创作灵感中不可忽视的，也是重要的创作方法。

形象是有地区、民族特点和民族性的形象，民族的爱好是需要我们给予探索和研究的。

形象的变化是随着观念形态和物质生产的变化而变化，形象的创造是永远没有止境的，永远没有穷尽。形象的创造灿烂而光辉，永远是人们意志的象征，永远是创作者创作灵感的表现。作为创作是艺术的范畴而言，形象的构思是激发出许许多多、千千万万的灵感所闪耀的火花。在总的艺术范畴内绘画艺术、雕塑艺术以及音乐等等都给予建筑艺术创作灵感以旁通、互通。尤其是形象性的造型艺术都给建筑艺术形象以影响。形象艺术的创作，它们的优秀作品给人们以永恒的真、善、美的理想和崇高的美的境界。

形象的主涵义和多涵义的获得，是需要创作者有深层的思维的。形象是理解创作的桥梁，形象构思的目的是通过具体的形象给人们以理解。形象的具体化有时是单一建筑的艺术表现，有时又求助其它相关雕塑艺术和装饰艺术等的配合。

至此，形象思维和形象的创作可以说是艺术灵感的表现。

四、空间的构思

任何建筑都具有空间和空间感。建筑创作的构思离不开对空间的研究。它的范围、大小、尺度以及产生的体量（mass）、尺度（scale）都是构思的触发因子。

其实空间的构思离不开结构，因为结构是支撑建筑物的构架；空间的构思离不开使用和功能，因为建筑最终要满足使用的需要；空间的构思也离不开形象，因为只有形象的实体最后表达空间感的特征。所以建筑创作最基本的是通过结构、功能、形象三者达到构思、思维的统一。

对称和不对称，空间的有序和无序，空间的单一和复合，无不以空间组合来达到设计者的目的。

空间是有限定的。在人类的文明史中，空间都和相对的实体、基地息息相关，它受制于自然、人工环境，它除了实用的目的外，更具有精神上的需求。空间的大小、高低、明暗、开敞和封闭，在某种意义上也为达到一定的精神需求而组合。神庙、教堂等建筑在精神上的追求都是利用空间处理作为重要手法。埃及克纳克神庙给人们以压抑、神秘感。中世纪的教堂的高矗则给人以神圣而崇高感。其它如开朗、明快、通透等等都是由空间的组合造成的特定氛围。

空间的变化、变换、转移、导向是建筑师最富于创造的手段，为此我们要研究空间变化在前后、上下、左右穿通、空透的种种特征。

空间构思是综合建筑诸手段的综合表现，空间的利用是人类建筑创作最丰富、最神奇、最富有特点的手段。

空间的创造借助于“虚体”和“实体”造成的空间感和层次感，又借助于实体的形象，借助于结构的特征，借助于功能的要求，它可以利用光影、色彩、质感以取得和谐、奇特、神奇、变换和节奏、韵律等种种感受。

空间的特征具有人所要感觉的性格。那种深远、庄严、宁静、动感、活泼、深沉等等都表达一定的含意。历史上许多优秀作品都运用了光影以求得艺术效果。空间上下沟通的楼梯，常常是内部空间组织的极为活泼的引伸手段，是创作中所不可忽视的。

五、意境的构思

人们精神上追求达到艺术的境界，有意象地追求实体形象和空间造型达到某种情趣、某种遐想、某种意念以表达人们心神的向往，于是意境的构思是灵感表现艺术上最高的境地。中国古典园林的咫尺山林再现自然山水，是为意境构思的艺术表现。

意境的思维来自对自然的向往与再现，因为自然的许多现象给人们以审美的感觉，艺术的灵感是一种再现和表现。

意境的思维取自于历史的情节，人文文化的表现，诗词、书、画、音乐的构想，建筑的点题及其物化，即是这种构思的表现。

意境的构思又取之于文化特征在建筑上的种种表现，那种缅怀、追忆、沿用（传统的手法）也属于这种构思的表现。

意境构思取之于不同感情色彩的反映，它更多地和形象构思紧紧联结在一起。

意境构思的创造物——虚和实，会引起人们深层的联想，唤起人们情感上的某种需要，诸如激情的奔放、和谐、壮烈、野趣等等。

意境的构思是和建筑所在的环境分不开的，建筑总置身于自然和人工环境（nature and man-made environment）之中，也总受到环境的影响。环境给人以感受和感应，而反过来又要创造自身的新的建筑环境并给人以新的感觉。

由于人的素质不一，所经历教育不一，不同时间的感情心态情绪及欣赏水平不一，环境给人的感应的不一致性，建筑师的创作也因人而异。在城市中又受到城市法规和现状的制约，这给创作带来许多困难。创作某种意义是一种个性的反映，个性的特征就是要在创作艺术上有所突破。

意境的构思常和环境的构思结合，环境的构思要给新的建筑一种生长的要求，即新建的建筑要从特定的环境中长出来，而又与环境取得某种默契、和谐，这种和谐不只是形象、体量，而且要从生态、生理上求得协调。

环境构思在建筑设计上要给人们一种衔接的要求，使新与旧取得相对的关联和一致，也就是一种文脉的联系，一种文脉的要求。

对环境分析最大的特点是基地、入口、路径和围合物，研究者由此而入手。现代化的城市更要关注基础设施的条件。环境的构思是人们具有一种比较宏观的思维，必须把握住时代的时空结构和地区差异。

在科技发达的今天，新的技术、材料

已大大向前推进了一步，它对建筑的创作在手段上大大推进和改变，新的结构包含了力学的特点和工程技术上美的特征，显示和暴露结构形式，反映结构美的特征。新材料又给建筑的结构饰面带来新的美的内涵，暴露材料也是创作手段之一，表现技术进步的大跨、高层、框架，新的设备通风、采光、音响等等都有类似的特点。现代建筑的高技（High-Tech）表现大多属于这类构思，一方面是实用、坚固的目的，另一面不能不说是美的表现。

构思的各种特点应当说是相互关联的，形象构思离不开空间，功能构思离不开结构的许多因素，构思的互通是触发创作的灵感，构思的互补是促进创作的完善和完整。构思是物质给以人们直接和间接的感应，是人的思维活动对建筑艺术创作的着重点、出发点，是创作过程必由之路。

这里需要强调一点形象思维和逻辑思维二者必须结合，互相充实，是交替过程，也是感性和理性的结合。即要强调和谐，又要突出对比。

建筑艺术虽是形象造型艺术之一，但不同于绘画、雕塑、音乐等纯艺术品。它的创作必须有理性思维、空间分析、结构技术分析、功能分析，更要注重它的社会性和经济上的可行性。创作的自由度也只有在物质空间的基础上，才能运用它又创造它。

感性的形象表达，意境的表达，深层的思维，逻辑的理性思维等等都是思维过程中获得灵感的起点。

回过来分析，一般而言，城市型的建筑创作，街景、广场等多受到环境的制约，需要有理性的科学分析。而在自然环境中从事设计，诸如风景建筑则更多的受制于形象和意境构思。前者大多从属于几何构成，后者大多属于自然的自由构成，二者又是相互结合的。

作为学习建筑设计的学生和初学者，一定要注重逻辑思维的训练，达到创作思维的深化，逻辑思维是要推理、演绎和序列分析的。形象思维出于情感，内在的意识，内在的素质，自然感情、激情的表达。

我们结束一下这段论述的创作构思，不妨重提创作的灵感。创作（creation）是人类本质中最有特征性的表现，而灵感（inspiration）则是创造性认识活动中最神妙的精神现象，使人们在创作过程中求新求变。灵感象插翅的大雁高高飞翔，是创造新生事物，改变已有状况的一朵朵鲜花。

灵感是一种创造学、思维学、心理学的结合，我们从认识的发生看灵感是一种突发性的创造 活动，从认识的过程来看，灵感又是一种突变性的创造活动，从认识的成果来看，灵感是一种突破性的创造活动。

灵感的获得使人自我心理体现十分奇特，使行为表现得十分异常，显得分外神妙。灵感是研究某一事物和从事某一事物构思过程中一个不寻常、突破性的想象活动。

对创作者来说，灵感有时像一个神奇的怪物，而带有多义性，不同创作者的表现是不一致的，灵感的创作对创作者来说具有非模仿性和不可重复性，人处在灵感的思维状态中，使创作者的思想感情表达得十分敏捷和有序，理智的灵感思维状态即承受显明的形象，又回到感性的世界，一种追求、迷惑和激情。

是否可以认为灵感的获得从哲学、思维科学方面可以分为感性的灵感和理性的灵感，而带有双重性，从表现的现象来分析有显形灵感的顿悟也有隐性意识的自觉不自觉的表现。

灵感的激发过程，一般地分析一定要在长期积累思索前提下（包括思维的背景）偶而得之，在追求中无意得之，灵感的创造要在经常的基础上反常得之，这儿我们探索的则是建筑创作过程中灵感的激发过程。

建筑创作又怎么和灵感启发发生关系呢？而在创作过程中有无灵感可言呢？事实上，在建筑创作的思维过程中，创作构思的突破，思维因子的升华，建筑艺术上每一创新都反映了设计者创作灵感的突破和超越。

建筑创作一般指建筑艺术而言（广义的包括着功能布局，空间关系），美的表现而言，它又与建造紧系在一起。它是构思设计研究、设计施工、使用的全过程。我们说环境的创造，是指物质的和精神的，是指建筑环境创造，而创作是指物质环境中艺术表现的创作成就，两者既有联系又有区别。

作为艺术创作的思维过程，特别是形象思维过程的突破，由于建筑创作有其社会、经济、技术、地区的影响，它受制于种种社会和自身因素，由于要借助于环境、物质建设，每一作品离不开环境，以及它给人们的感受。基于这种论点，我们探索建筑创作的灵感的由来，是否可以作出以下几种判断和解释。

一、主客观思维因子的碰撞

这二者有人强调内在主体的力量，天赋的作用，有人强调客体的“机遇”的偶然性。但从众多的实践的剖析，它是人们主观意向求得目的的达到。

客体是指人们的知识背景，一般认为知识背景越宽厚，知识面越宽大，客体与主体的反映耦合机遇就越多。这儿人的思维的能动作用显得十分重要。主客体的碰撞所形成的心灵，一种自然结构形成，一种素质的表现。这儿指的是人的主观能动，不断思索、探求的过程；再有客观长期知识、感性、理性的积累，最后结合点的产生可以是巧遇，可以是耦合，可以是机遇。

灵感的获得常常是可遇而不可求，每一个人的思维因子碰撞不一，巧遇不一，其结果也不一，这在艺术领域里尤其如此。例如设计一个纪念碑，各人得出的设想、构思可以是绝然不同。以苏中七战七捷纪念碑的设计构思灵感为例。当时甲方来时，所提供的方案全是表现“七”的形象实体以表现七次战斗、七次胜利。有的方案是七根柱，有的是七个门拱，有的则用“七”字，大都以具象来表现。但摆在我们面前则要突破这种构思，于是我们就深入地思索。我们的理性、感性的分析是：

（1）苏中七战七捷是对国内战役的纪念。它是著名三大战役的前哨战，不是大的战役和决战性的战役。没有必要表现其宏伟、壮丽、伟大，而强调的是一次具有前哨战的重要意义的战役；

（2）这次战役只是地区性的。在苏北海安、如皋地区的一场十分重要具有意义的战斗，它的胜利震动了当时的反动统治，并为三大战役取得了经验，是战斗的一页；

（3）这个战役的表现即是战斗的一页，又表现人民的军队在这儿踩下了胜利的“脚印”、战斗的“印记”，三个理性的构思最终落实到总的设计设想。

但这种分析并不能得出现有的构思方案，因为在形象知识的记忆中曾有过明初开朝大将常遇春横跨江岸踩在岸边印下了“脚印”（传说）。又美国好来坞电影名星纪念地，各名星用手印印在地坪上，这些都是用符号来表现纪念地。这种潜意识的记忆，在构思时就突发地显示到构思中来，这说明客体的知识积累在迸发思想火花中所起的作用。可以认为灵感是主客体两者的遇合。一种最高艺术形态的灵感往往是可遇而不可求，它只能在艺术构思大幅度展开之后才能油然而生，只有在艺术家长期磨练之后才能从容引发。它的序列是构思的方向→构思的展开→思维火花的求得→主客体的碰撞→结果。

苏中七战七捷纪念碑的“印记”，不能不说受到过去知识积累的影响。各人知识背景不一，构思方向不一，思维展开又不一，其创作的作品必然是千变万化，各有千秋。

二、创作意识的互通

一般我们说意识分有意识和潜意识，是灵感思维的心理机制（这不属于本课题的探讨）。西方自德莫克利特首先用灵感一词以来，经历了柏拉图时代，那时人们认为灵感是神赐的狂迷，18～19世纪浪漫主义盛行时代，灵感等同于天才，当代又有潜意识说的本能，弗洛伊德对潜意识理论作出贡献却又带来了偏颇。

意识和潜意识都是人脑对客体的反映，是人脑这个特殊复杂物质机能中意识、潜意识对客观世界不同层次的反映，而且是相互作用的。

在灵感研究中有人把它看成是人类的一种基本思维形式，同抽象思维、形象思维一样都属于人脑这块特殊物质的高级反映形式。灵感的发生有一个过程，不在意识范围而在显意识范围之外，在潜意识蕴育灵感时，除潜意识推论，还常有显意识功能通融合作，在蕴育成熟时即突然沟通，涌于显意识成为灵感思维，将灵感思维属于潜意识思维——一种独立的思维，是人们显意识调动潜意识思维使灵感发生。

诱发灵感的机制是一组序列链，以反馈为纽带，循环升华实现诱发灵感为目标。这个链大体上是境域—启迪—跃进—顿悟—验证。建筑创作中不像艺术绘画（特别是现代绘画），是先有物体空间的基本限定，赋予意义，例如周恩来纪念馆的造型设想正方，因为正方反映了中国传统的“天圆地方”，是正直、规矩、公正、忠于责守一个框架性的意义所在，四角坡顶又具有金字塔、传统纪念物的变形，最简洁的纪念体型，又与淮河一带的亭无形地吻合，下部基座也是金字塔梯形的片断，这都从最原形的体型中取得变形，求得一种纯正，一种传统象征的做法，一种潜在意识的显形。

三、触类旁通

我们研究灵感的由来，可以从外在到内在知识结构的转换来思索。在世界上随着科学的发展，特别在本世纪 60 年代，本学科和旁系学科交叉而获得新的思维和信息。本学科是正规之本，它被认为主体难以解决的或难以突破的，只有从相关学科中去探求。这种状况会引起主体研究以新的启动，在创作意识上得以变换、类比以致过渡。在思维方法上常规与非常规、线性和非线性、形式逻辑和非形式逻辑、显意识和潜意识相互作用，互补而求得匹配。例如我们在研究城市的形态，对常规分类感到困惑，它只是静态的分析，如过去认为城市的发展只是按计划的发展，而实践证明城市的非计划性发展有很强的因素，这就引导出计划与非计划的特点，于是研究时要借助于地理学中的中心地学说、磁性学说、城市化学说，扩而大之到人类聚居学说，更深化地认识到社会经济背景对形态的发展起着宏观的控制作用，形态的具体引导在城市基础设施的建设中又起着导向和控制的作用。再进一步涉及社会学就感到分层次的研究城市与建筑形态是很重要的，这就深化了城市形态的研究，建立了动态、分层次研究以及采取不同的研究方法。

又如形象上的创作，在福建长乐度假村的“海螺塔”就借助于再现海中的生物形象，天台山济公院的设计就借助于济公活佛的形象，将它加以物化，在复杂地形山穴中就采取变形夸大手法，又适合旅游、观赏建筑的特点。这种种反常的思路的外触发信息就促使一种新的建筑形象得以产生。要求我们拓宽知识背景和旁系学科的知识，同时拓宽相并行的如建筑与音乐，建筑与美术，建筑与雕塑等等的相关关系的研究，以致产生“凝固的音乐”，“建筑具有雕塑感”的形象出现在观赏者的面前。

四、环境的感应

这里指的环境感应具有可见的物质形体和不可见的精神形体，记忆的、联想的，以至幻觉的、想象的、抽象的等等。建筑是人的创造，因为是人的生活，所以带有浓厚的情感色彩。因为它具有功能使用的目的，它一旦建成就形成物质和精神因素，历史的发展又产生了文化的价值。有的遗留下来，有的长久地保存，有的消失，这种种现象都是一种过程的表现，于是我们不妨就称之为“过程的建筑”，它像是一组不等长的等时和不等时线的组合。

一定的物质环境必然带来一定的文化环境，它给人们以感受。这种感受又反馈过来触发人的思维情感，增加人的灵感激发因素。所以不断地实践，不断地增加这种背景因素，使设计者、创作者愈有可能获得灵感的可能，也愈有机遇产生新的创作。

环境的感应随着知识范围的扩大，思维的路子也扩大，促使人们有可能做出深层的思维。环境给予人们的感应和认识大不相同，例如设计一座纪念碑，在讨论时，有人会提出要设计出“金鸡独立”的形象，这因为他的思维背景认为这是英雄的表现，又有人提出用螺旋形的外梯碑体，他想仿造的是塔楼。这种差异反映出社会层次、知识结构的差异。这儿提及的环境的感应还需从大的文化圈去思考，它的感应促使灵感的迸发有更多的宽度。

可见知识的积累，文化知识的积淀、凝聚，是创造性劳动在创作者身上反映的必然结果，也是给构思灵感提供了前提。知识面越宽（包括形象的知识）其触发性的灵感会越多，知识面的展开，促使人们深层地去思维。

建筑创作的灵感的特殊性是逻辑思维与形象思维相结合，在一定的程度上来分析，逻辑是通过客观的形象来加以表达，因而形象的知识积累具有十分重要的作用。形象的剖析、形象的分析、形象的感性分析、形象的深层思维都是触发灵感出现的重要原因。

研究建筑创作艺术规律，研究灵感的启迪对我们的构思训练有十分重要的意义：

（1）扩大知识面，使构思灵感有了一个背景的素质，为深层的思维打下了良好

建筑与社会
——近现代建筑经验教训的管见

钟训正

凡是有人聚居之处就有社会，作用于建筑的社会几乎无所不包，除了大自然中的大山、大水、大气候人类一时无法对其有所作为外，都可能因社会的影响而变化发展，其中影响建筑最大的社会因素为政治、经济、文化、宗教等，即使是物质技术，也深受社会因素的影响。

温故知新

我国的封建制度根深蒂固地延续了几千年，建筑形制自古以来很少变更，物质技术条件始终如一，不论民间建筑或宫殿庙宇，主要建材全是木料，构建方式也是千篇一律，因取材的单一，凡人迹所至，自然山林几乎砍伐殆尽，无林木地区，也千方百计从远地采运。千百年只知毁林，不去育林，造成水土流失，生态严重失调。古文明的发祥地黄河流域，由于人们恣意索取和损毁林木，至今留下一大片广阔荒芜的黄土地，贫瘠不堪。今年的洪灾，也暴露出长江将面临与黄河同样的命运。作为主要的建材，木料的采运和加工较为便当，但毕竟经不起风雨的侵蚀和天灾人祸，所以幸存下来的建筑遗产为数不多，不像西方的石构建筑，即使是残垣断壁亦能屹立千古。近几个世纪以来封建制度日见腐败，王公贵族穷奢极欲，对老百姓则施以苛捐杂税，民不聊生。自从对外开放通商口岸，民族工业首先受到冲击，封建政府的软弱无能更遭到列强的虎视和欺凌。动辄签订辱国条约，割地赔款，弄得民穷财竭，国格丧尽。辛亥革命推翻了满清的封建统治，外患基本清除，中华民族自长期的压抑中一旦解脱，民族自尊心因之昂扬，反映在建筑上就是复兴民族传统形制。在30年代出现了一批传统形式的政府建筑和文化建筑，如南京政府的各部院、上海江湾的市政府、北京燕京大学（即现北京大学）、武汉大学、中山大学（即现华南理工大学）、金陵女大（即现南京师范大学）等等。解放后的50年代初，民族自尊加上苏联的影响，“恢复旧物”的决心很大，作品有友谊宾馆、民族文化宫、四部一会（即北京三里河中央国家机关办公楼，后因造价过高而在施工时取消大屋顶），当时以民族情绪狠批现代建筑，对象是为接待亚洲和平会议而建的和平宾馆，其实它符合经济适用的原则，充分适应和利用环境条件，但在复兴传统的高潮中，它作为没有人性、冷酷的资产阶级代表作而大受批判。后因周总理实事求是的

的基础。知识面之间的互通、渗透直接为创作灵感获得“迸发”的前提；

（2）灵感的获得要使人们构思处于积极的主动状态。人们常说“深思熟虑”、“有的放矢”、“锲而不舍”的探求，创作的灵感会油然而生。创作的灵感和构思者的主动精神分不开，为此，创作者的主观能动意识就显得十分紧要；

（3）灵感的获得更重要的是创作者必须不断从事创作实践活动。

粗浅的探索就让我写到这里，让创作的灵感在我们所从事的艺术创作中迸发开花。

齐　康，中国科学院院士，东南大学建筑研究所所长，博士生导师

一句话而停批，反过来倒受主张现代建筑者的大力褒扬。1953年斯大林逝世，赫鲁晓夫上台后在建设上大反复古主义，我国也以北京友谊宾馆为代表，批判它的华而不实。我国历来最有代表性的传统建筑为宫殿、宙宇，一般只有一层或两层。造型中的主角是屋顶，包括承托的斗栱，它的构造最复杂，装饰最多，体量最大，因而在整个造价中所占比重也最大。现代建筑强调经济核算，在低层或多层的建筑中，即使你对道地的传统大屋顶情有独钟，往往因投资比重过大而不得不忍痛割爱。那时出现了大量诸如建设部大楼平屋顶式的半传统建筑，不论南北方都趋于大同。立面为三段式，对称、严肃、生硬、官气。到了国庆十周年，建筑作为体现社会主义伟大成就的具体形象而受高度重视。民族自尊心又达一高潮，中央决心建国庆十大工程，那时是大跃进年代。建筑的规模以大取胜，力争世界第一。天安门广场净宽500m，为世界之最，人民大会堂座位数与舞台台口宽居世界之冠。人民大会堂建筑面积逾17万m^2，如果用大屋顶则过于庞大。对面的革命历史博物馆也难与之匹配。如果采用典型的传统风格而又去掉大屋顶，形象就极不完整，况且檐下的柱列因木结构而显得稀松低矮。于是，为显示建筑的宏伟壮丽，只得丢掉民族自尊心而求助于西方石质古建筑的比例，为避仿效洋古之嫌而在檐口用上超尺度的琉璃装饰构件。这种与天安门故宫建筑组群格格不入的建筑在突出政治的前提下，作为社会主义的伟大成就不能容人非议，人们吸取了反右的教训，也不敢对其妄加评议。当时的十大建筑都是不惜工本地动用全国的财力和物力，动员了上万的义务劳动者和专业工人，以包括设计在内的1年左右的时间突击完成向国庆十周年献礼。这种边设计边施工，向某某节日献礼的风气长盛不衰，而且还作为好的经验来推广，一方面它显示领导的雷厉风行的作风和员工的冲天干劲，一方面也有了请功立奖的依据，很少去计较这种粗制滥造将带来无穷尽的遗憾。国庆十周年的十大建筑实际上是对1954年反复古的否定，不但复民族传统之古，也复西方之古（人民大会堂及革命历史博物馆）以及复苏联之古（军事博物馆）。

国庆工程损耗了不少元气，加上3年困难，经济建设不得不来一个大紧缩，设计革命应运而生，60年代初，公建基本停止，而住宅则是不容忽视的民生问题，但造价压得很低，追求平面系数 K 的最大值，即追求最大的使用面积，因此产生穿套式平面，一房套一房，省去明显的过道。一般常见的是穿过厨房、小卧室进到大卧室。这种住房满足了最低的生活要求，但使用诸多不便。这些住宅至今还遗留不少，已成为社会的累赘。我国刚从困难时期稍有恢复就来了文化大革命，文革中除了精神、文化和物质的大破坏外没有什么大建设，如果说有也只是各省会兴建类似人大会堂的红太阳馆、万岁馆。在文革后期的70年代，在建筑界影响最大的是紫竹院边上的北京图书馆，为此集中了全国不少建筑设计精英，作过多轮设计，结果出了个有几十个琉璃屋顶的什锦式建筑，难为了设计人员在颇有古风的对称式平面中竟能安置下现代化的图书设施。文化大革命在毛主席逝世和四人帮垮台后基本结束，那时在建筑界的大工程就是毛主席纪念堂的设计，一开始就汇集了全国各大设计院和各大院校建筑系的高手，琢磨了相当长的一段时期，最后结果是一个关系大平衡的集体创作：甲单位的檐口，乙单位的柱廊，丙单位的台座……它太酷似华盛顿的林肯纪念堂，无怪乎不懂事的小孩在电视上见到林肯纪念堂时，竟指着大叫："毛主席纪念堂"！林肯纪念堂为素色的纯石料建筑，带有几分肃穆庄重；毛主席纪念堂则绚丽多彩，其中当然包括了民族魂的琉璃，它以厚重和巨大而获得了纪念性，遗憾的是它与同一轴线上相邻的天安门和正阳门并无协调之处。

改革开放以后，整个社会充满生机，经济增长迅猛，人民生活大有改善，市场空前繁荣，建筑业也特别兴旺，时势给予建筑师们大好的创作机会和施展才能的广阔天地。他们在两三年内完成的项目，往往比前辈一辈子干的还要多。我国建筑市场的繁荣也吸引了国外建筑师及国外资本的投入，它们对我国的建筑业既是促进又是冲击，我国开放后引进先进的技术和理论以及管理方法的同时，也泥沙俱下地涌进各种思潮和流派，它们对年青人影响尤深。我们不必担心他们走火入魔，社会实践的磨炼会将他们纳入正轨，倒是这些冲击也许会使他们的创作思想更为活跃。

改革开放的今天，建筑创作界发生一件大事，那就是北京国家大剧院的设计竞赛。早在1958年，国家剧院就已筹划上马，终因耗资巨大，靠剧院本身也绝不能自我维持，于是一直搁置至今。上海大剧院的落成，促进了北京国家大剧院的上台。国家大剧院将坐落在天安门广场和人民大会堂的西侧，坐南朝北，面临长安街，西边将可能是未来的政府大厦，实际上它处于一个政治中心。本来在1997年底开了一次方案研讨会和一次设计竞赛，当时评审团绝大多数评委认为：1. 建筑物一定要对称；2. 要根据人民大会堂的平面决定它的进退，因此大剧院平面最好是品字形；3. 要与环境相协调。大剧院现址的北面隔长安街是一道红墙，南面和西面是待拆的老建筑，要求与之协调的只有东面的人民大会堂，根据当时评审出的倾向性方案，协调就是近似。北京市原要求1999年向国庆五十周年献礼：这样就势必要求边设计边施工，与会者一致反对，后报中央，中央对方案不满意，决定发起国际设计竞赛，时限放宽，不作为国庆献礼项目。在国际设计竞赛标书上有几句关键词：它是一个大剧院，是在北京的，是在天安门旁的（大意）。洋人的建筑观与我们的大相径庭，他们所理解的协调幅度极大，不那么容易就范，结果是业主对竞赛方案均不满意，指定国内外的一些设计单位再作一轮。国家大剧院的环境制约因素很苛刻，设计难度很大，它的成功可能对我们的设计思想是一个大突破。

建筑·社会·人

这里所提及的人，是直接作用于建筑的人，使用者另当别论。人，可分3种，即建筑师、业主和拍板定案的行政领导。

一、建筑师 年青者富有创新精神，但一般缺经验，成熟尚待时日，年长者思想禁锢较久，框框过多，思想舒展不开，进取心也较弱。在大型的国际设计竞赛和招投标活动中，可看出中外建筑师设计创作思想和水平上的差距。建筑师本应该有点个性、也应该明是非，这就是掌握政策和法规。由于近几年建设事业的僧多粥少，有些建筑师为争取设计任务，专看业主和领导的眼色行事，刻意琢磨如何去迎合他们的心态。创作观点的可塑性很大，商人气息较浓。这是建筑师的品质和素养问题，社会也提供了他们如此活动的时机。

二、起决策作用的官员 我国社会的人治还是占有相当的份量，凡是重大的工程，均须由当地的党政领导来定案，官越大越有决策权。本来，工程属建委和规划局直接管辖审批，但有些领导越俎代庖，不容管理人员置喙。有些外商和大业主深悉此情，往往绕过管理部门直接疏通上层领导，有的领导也往往挡不住诱惑而为他们大开绿灯。上级领导审批方案只看外部效果图和模型，无疑地这对建筑师的设计思想导向和价值取向的影响至为深重。在设计竞赛或投标活动中，促使建筑师倾注太多的时间和精力来作多种表现图和模型，从而影响了设计的质量。一般领导在改革开放前后有两种心态：改革开放前，受各种运动和政治斗争的影响，特别是反右和反右倾运动以后，一般都谨小慎微。是红头文件的忠实传递者。对建筑的审批，凡不是在北京见过或似曾相识的式样，一律不批。不敢有半点自我发挥。改革开放以后，政治气氛宽松了，思想也解放了，借着与国外结成姊妹城市和各种考察之便，出国机会较多，自觉和不自觉得地宣传和引进不少洋货，在建筑式样上随意点“洋菜”，对目前欧陆式的流行他们多少起了一点推波助澜的作用。

三、业主 改革开放以来，一部分有关系网络的干部下了海，有更多的业主是属于“先富起来”的一类，这些人富于开拓和冒险精神，但文化素质的提高赶不上发迹的速度，财大就气粗，就会颐指气使，在建筑上喜欢追求广告效果，花样翻新，标新立异，力争首创。这些人目前在国内刮起了一股欧陆风，甚嚣尘上，似乎来了第二次文艺复兴。严格地讲、欧陆建筑包罗了从古到今的各种风格，实际上现在所提的欧陆风是指砖石结构的古典风格，即在现代钢筋混凝土或钢结构上附加大柱列、深檐、粗台座及各种复杂线脚和装饰，浪费自不必说，它们在中国绝大多数城市尚属异类。当初北京市提出“夺回古都风貌”，在现代建筑上乱加亭子乱戴帽子，虽然有点滑稽可笑，但总算还有一点民族感情；欧洲的古典风早已成为历史，古风遗迹只作为文物保存，而我们现在竟奉为样板来仿效，这种不合国情、不合时代、不顺民心的崇洋好古之风到处泛滥。更有甚者，有的地方竟成政府行为，由政府出面指令某一条街一定要全部做欧陆式。对这种时间和空间的严重错位，人们不禁要问，这是在古欧洲还是在中国？

管理与法制

管理不善，法制不全是建设事业上的两大敌人。1998年洪荒中九江的一段钢筋混凝土堤无一根钢筋，致使堤决，造成人民生命财产的巨大损失。北京在中央眼皮底下的重点工程北京西客站查出多起施工事故和贪污盗窍事件。一方面是管理漏洞太多，给不法分子以可乘之机；一方面为赶工而蛮干，不讲科学。建筑设计虽不致使楼垮人亡，但设计质量的低劣会给使用者带来无穷无尽的烦恼和不可弥补的遗憾。现在全国的基建比前几年相对地冷却，对各设计单位来说人浮于事，有些单位压价抢生意，损人利已。某一个大设计院参加投标，发现有的设计单位在设计费用报价栏内为空白，另有声明是愿取该大设计院设计费用的一半。同一地区的设计院为争任务不择手段地杀价抢夺，弄得关系紧张，几乎成为冤家。为什么建委不能分出一个组来专管此事？不是几方都可得利吗？还有一个老大难的人防问题，高层公共建筑均须设人防，如不设人防另须交纳一笔可观的费用。人防基本上还是朝鲜和越南战争的概念，即使如此，造价也很高，防水、防潮、防毒、防爆、以及通风和进出口设施，都要付出高昂的代价，如果发生战争，不少人防可能直接成为坟墓。人防隶属于总参管辖，由于建筑上下须一体化，甚至还须包括地铁通道，不少人提议人防应归口到建设部，但这又谈何容易。不少人防现在是一种包袱，上海以前在市中心区没有蚊子，一搞人防就成为蚊虫的孳生地，逼得市民在晚上非搞小“人防”不可。建筑管理人员不少有越权行为，有些管理人员持权傲物，不可一世，受管理者只得忍气吞声，唯唯诺诺。否则总是红灯阻道。有些规划管理部门从外部造型到内部功能都要管，俨然是一个总建筑师。有的市长规定主干道上的建筑都要由他审批定案，这种管理的混乱状态该结束了，理应立法规定管理者的职责和权限。

持续性、可行性、预见性

持续性 体制、法规、城市的总体规划甚至到城市的广场和公共绿地都要立法通过，要保证实施的持续性，不能搞一朝天子一朝臣，现任否定前任，这就要求立法者不把自己的政绩要求和私利放进去。

可行性 工程的可行性研究一般都是业主自行制定，十之八九都是以主观愿望和思想来推敲。没有科学性，没有作充分的社会调查，不了解市场情况，摸不透供求关系……等等，可行性一定要汇同有关专家根据调查材料做客观的分析，有些业主大建办公楼、商场、住宅，结果租、卖都很少有人问津。有些城市效区的乡、镇，兴建大量别墅出租出售，结果一直空置，这种盲目的建设浪费了不少资金。

预见性 在那闭关的年代，对外的信息全受阻断，我们不清楚外部世界的社会变迁，不明了科技的发展状况。即使得知一鳞半爪，也是根据“凡是敌人赞成的我们就反对”而大加怀疑和抑制。对我们深恶痛绝的资本主义，也只知悉马克思时代的劳资极端对立，资方的残酷剥削，劳方生活的水深火热。以前搞基建，基本上是以准备挨打的观点来筹划，搞三线，钻山洞，提倡“芦席棚里飞出金凤凰”。农业上曾搞围湖造田，全民灭麻雀，未预见到生态失衡。最严重的是交通问题，当初我们嘲笑花瓣型公路立交是资本主义的腐朽表现，现在我们已不得已而为之。过去讽刺国外某些大城市行车的速度不如老太太的步行，现在他们已做到交通基本流畅，而我们大城市中心的塞车日见严重，过去我们兴建一些机场和车站，未待施工完竣已发现不敷使用。我国的大城市将来发展地下空间和地铁已势在必行，但现在已建的高层建筑各自为政，致使将来地下空间的成线、成网，成片倍增困难。

改革开放以来，闭关自守的局面已打破，各种信息渠道促进了我们对外界的了解和彼此间的交流，我们可吸取别人的经验教训，放开眼界，免走弯路，更快地进入四个现代化。

现在我们的制度将日趋完善，我们的政策将日益开明，我们的科技发展突飞猛进，过去的闭塞混沌现象也将日见开朗清明，尽管我们的创作道路曾坎坷曲折，但前景却是坦荡宽广的。

钟训正，中国工程院院士，东南大学建筑系教授，博士生导师

论城市建筑一体化设计中功能与空间的组合构成*

韩冬青　冯金龙

中国城市化的方向正由外延的扩大而逐渐转向内涵的变革和改造，城市空间形态结构正朝向系统化、立体化、宜人化和生态化方向积极演进。正是在这种大背景之下，对城市与建筑的一体化设计理论和方法的研究已经成为我国城市建设的现实需要。20世纪70年代后欧美城市复兴运动催产了这种一体化设计的理论与实践，而其思想和方法影响至今并随着城市化的进程而不断发展。

一、城市建筑一体化设计的概念

就建筑设计而言，传统的以功能单元为标尺的单体类型概念不断被突破，类型交叉、多元综合已成当今建筑空间发展的一大趋势，各类综合体的发展使得建筑规模巨增，并越来越多地以群体方式出现，建筑空间进而突破自身封闭状态而演变为一种多层次，多要素复合的动态开放系统，建筑积极介入城市社会环境，其职能要素越来越多地接纳原本属于城市的职能，建筑与城市相互咬合、连接、渗透使得二者之间的门槛日见模糊。在另一方面，城市空间结构呈现的复杂性和多样性促发着城市设计必须介入城市职能体系的重新整合，在城市职能体系日趋复杂的今天，城市中各分项系统（如交通、建筑组群、生态景观、开敞空间、文化遗产、市政设施等）分别占有城市土地的二维方式不仅浪费了有限的土地资源，同时也造成了一方面拥挤紧张，另一方面却又功能割裂的两难境地。立体化城市设计试图在三维城市空间坐标中化解各种职能矛盾，对城市空间进行多维度综合利用，建立新的整合状态的立体形状系统。城市设计的立体化同时就必然带来城市设计的室内化发展趋势，即城市设计的空间形态网络将建筑内部空间（如公共建筑室内公共空间、中庭、过渡空间和地下公共空间等）纳入其中。内外概念的打破使立体化城市设计发挥出可观的潜力。

建筑的社会化和巨型化与城市设计立体化和室内化的双向互动有力促进了城市建筑的一体化设计，其目标就是要建立一种城市·建筑综合体系（Unified City-Building Fabric）。它在职能上表现为城市功能与建筑功能相互接纳和紧密联系，在空间形态上表现为城市公共空间与建筑内部空间立体的交叉叠合和有机串接。城市建筑一体化设计是一种强调整合概念的设计理想和观念，这种理念既可以贯彻在个体建筑或环境片段的设计之中，也可以体现于大范围的城市设计工作之中，建设规模在此并非是判断的必要依据。而在城市中各种功能高度集聚的高密集地段，这种客体形态将会大量频繁地出现。一般而言，城市土地与空间的综合使用与城市建筑一体化设计常常相互匹配出现，前者是城市规划中土地使用或空间使用策略，后者则是一种设计概念和方法。本文将从功能组织和空间形态组织二个方面来探讨城市建筑一体化设计理论和方法的核心内容。

二、城市·建筑一体化设计的功能组织

城市建筑的功能是对城市生活的直接反映，当代城市生活的一体化和运作方式的集约化以及由此带来的高效益和高效率是促发城市与建筑功能一体化组织的源动

---

* 作者曾在《建筑师》71期发表《门槛的衰微——城市·建筑综合系研究初探》，本文是此课题研究的继续。该项目得到东南大学1998科研基金资助（编号：9201001001），特此致谢！

力。城市建筑一体化的功能组织就是指城市某区段内各建筑功能单元之间合理综合的内在关联以及这些建筑功能群组与城市功能的合理交织。

（一）功能的群组配伍及层次穿插

功能群组的配伍是以城市生活和运作的组合规律为基础去研究各建筑功能单元之间内在关联的可能性，并能创造出积极的使用效应的功能组合关系。一般而言建筑功能群组的配伍方式有下面几种类型：

1. 竞争型 同类功能单元的并置，因相互竞争而产生集聚化效应。如百货商店、购物中心、超市、专业商店因选择的多种可能性形成竞争而提升整个商业效益。

2. 主从型 一种主次明分的组合方式。如城市商务中心区通常以办公、金融为主配以适量商店、餐饮、休闲和停车设施等以保证系统协条运作。

3. 互补型 功能单元之间相互补充构成整体。如购物与休闲、诊所与药店、商务与旅馆等因配对出现而构成更为完善的整体。

4. 系列型 对具有相通性和延续性转换关系的功能单元进行组合。以促进系统的便捷和高效。如对不同交通性质的站点（火车站、汽车站、地铁等）进行组合形成集约高效的交通枢纽中心。又如将购物、餐饮、娱乐、展示等功能单元结成商业综合体形成激发效应。

以上几种类型的配伍方式是各功能单元在建筑或建筑群组层面上的组织方式，在实际工作中，更多的是对这几种配伍方式的综合运用。功能的配伍及组织具有层次性，由建筑到建筑群组（街区）至城市区段，自下而上，功能配伍组织其外延不断扩大，复杂性上升。城市区段层面的功能配伍表现为对地块及其建筑群组功能的再组织。包括对建筑与建筑之间、群组之间、地面上下部之间功能的连续性转换、公共设施（如停车场库、仓储）和市政设施在城市区段层面上的统筹计划等。目前，各种建筑综合体的停车库已趋向跨建筑甚至跨街区的联合设置，商业仓储不再采用与营业空间一一对位的方式，而是在土地区位价值较低的地段统一安排，这种方式对于充分利用土地区位价值，提高城市空间的利用效益具有重要意义。城市交通则是实现城市层面功能组织的主要线索。

现代城市功能组织的变化首先突显在交通组织方式上：交通流量的不断增长和交通工具的多样化与土地有限资源的矛盾促发了城市交通的立体化，地面交通、地下交通、高架交通、人车分流结成一张立体的交通网络，快线交通和慢线交通的转换，机动车流、停车场库与人行步线的转合，交通换乘系统的建立已是现代城市功能组织的关键环节。现代城市功能组织的明显变化也表现在不同层次间的交织和复合配伍：交通换乘点功能的延续性开发，如结合地铁站建立地下步行街式的商业综合体；城市交通结点或换乘点与建筑内部公共交通的多方位连接与穿插；城市步行交通与建筑或建筑群组内部公共交通的叠合等等。

（二）功能配伍组织的决策原则

城市建筑的功能配伍其目的在于形成特定城市区段积极而有序的职能体系，这与城市的整体机能密切相关，其计划决策应当遵循下列原则：

1. 整体目标 城市建筑一体化的设计侧重于城市中各种关系的组合，建筑、交通、开放空间、生态体系、文化传承等因素互相交织，是一种整合状态的系统设计。整体目标就是在充份分析论证的基础上明确发展定位，不同的目标定位导致不同的功能配伍，而整体优先则是其首要原则。

2. 环境影响 环境是城市建筑存在的前提，也是其发展演变的结果。环境影响一般包括两方面的内容：一是区位环境，例如城市中心区和城市不同功能区块的结合部会形成不同的功能组合。其次是与生态概念相关的环境因素，如环境容量、环保指标、自然生态要素等等。尤其是区段层面的城市建筑一体化规划设计往往会形成较为庞大的巨型结构。因此其环境影响论证就十分必要。

3. 单元适应性 一体化的功能配伍必然包含了不同环境层次及其次一级层次的功能单元。因此也必须寻求各层各级功能单元自身目标的满足。就某一具体功能单元（如复合结构中的办公、居住、旅游、商店）而言，其功能组织既有与整体系统交叉共享的公共性的一面，也有其自身封闭、私密、自成体系的一面。单元适应性原则也就是各组成单元分合有序，各得其所的原则。

4. 组合效应 经济效益分析是城市建筑一体化功能配伍不可回避的重要依据，所谓组合效应是指在大范围，长时段的前提下的效益观。它一方面是指对城市整体效益、区段效益、建筑个体效益各层面的结合考虑。另一方面是对社会效益、经济效益和环境效益的总体把握。由于各种效益目标都是以占据空间为实质性手段，因此以上各大效益的关键在于城市空间效益。组合效应是对那种只考虑短时段内部门利益和个体利益的效益观的否定。不难看出，组合效应观念的建立与社会经济体制及其制约下的管理政策导向具有密切的关系。

以上各原则中，整体目标和环境影响是二个大前提，单元适应性是小前提，组合效应则是主要的激励机制。它们相互关联，互为补充。依照上述原则进行功能配伍的研究和决策形成集约高效，积极有序的功能互动机制。

(三) 现代城市建筑功能组织的新趋势

一般而言，城市中建筑功能群组的组织是以单体建筑的功能为基本单元，在二维平面上以街道和广场等交通动线为纽带将这些封闭自足状态下的建筑功能单元联结起来，这是最为典型的传统模式。而现代城市与建筑一体化的功能互动机制则引出了城市建筑功能组织的新方法和新趋势：

1. 功能组织集约化 集约化是指城市建筑在占有有限土地资源的前提下，形成紧凑、高效、有序的功能组织模式。本世纪70年代后，各种类型的建筑综合体的出现正是集约化组织方式的具体表现。在当代，功能组织的集约化发展更为突出地表现在城市交通建筑的策划和设计观念的变革。传统交通建筑的策划概念是将基于不同交通工具的站房分布在城市中不同的地段或地块中。在流动人口日益剧增，生活工作节奏不断加快的今天，这种不同交通站点独立设置的方式已经越来越难以适应时代的要求。交通建筑策划的主要变革就在于将单一站房概念转变为由不同交通方式有机组合的综合换乘中心。选择不同交通工具的旅客、快线交通与慢线交通、市际交通与市内交通都在这样的综合换乘中心内部完成不同交通方式的转换，从而实现紧凑、高效、便捷的转运系统。在这种综合换乘系统中，旅客滞留的时间大大缩短、因此其空间组织也出现相应的变化，候车厅相应萎缩，而立体化流线组织的复杂性较之单一站房将会大大增加。1998年完成的日本九州铁路转运中心采用跨站式布置，但它并非是一个单一的火车站，其建设计划和设计概念首先是将它作为一个高效的城市内外交通的换乘枢纽中心。位于四层平面之上的公共通路贯穿南北，城市地面机动交通的人流在站前地面层通过自动扶梯直达二层入口的平台广场，进而进入南北公共通路。市际火车站台位于公共通路之下，公共通路的尽端通向日本高架新干线站台，市内高架轻轨线直达中心的南北公共通道的四层平台。转运中心为洲际高速铁路、市际铁路、城市高架轻轨及地面机动车流之间建立起一个简明高效的立体网络。该转运中心的另一个特色表现在其职能组织的整体性方面，站前二层入口步行平台向城市延伸与车站配套公建相连接从而形成完整的步行体系。九州转运站自身也是集多种功能于一体。它的建成预示了当代大都市交通转运规划和设计的发展趋势（图1）。

2. 功能的复合化 指同一空间中多种功能层次的并置和交叠。功能复合化的依据在于城市中人群的公共行为（与私密行为相对照）所具有的兼容性，如购物与步行交通，参观游览与休闲社交等行为可以相互兼容。美国芝加哥伊利诺中心的中庭容纳了建筑内部交通组织、城市交通换乘和城市公共集会等多项功能的复合（图2）。

3. 功能的延续化 指多种功能单元间的串接、渗透和延续。功能延续化的直接动因来自现代城市生活的多元化和运作的便捷性需求。许多城市公共行为之间具有有机的内在关联，如娱乐与餐饮、交通集散与买卖行为等。日本横滨MM21地区皇后街（Queens Mall）对标志塔、购物中心、和平会场及纵横交通站点的延续串接几乎难分难解，是一种典型的延续性功能组织方法（图3）。

4. 功能的全时化 城市中不同性质的行为其集中发生的时间区段和峰值时间（高峰时间和低谷时间）不尽相同，运用全时化功能组织（Twenty - four hour de - sign cycle）的观念将发生在不同时段内的功能活动按照其空间位序的不同要求组织成整体，大大提高了城市土地开发和空间

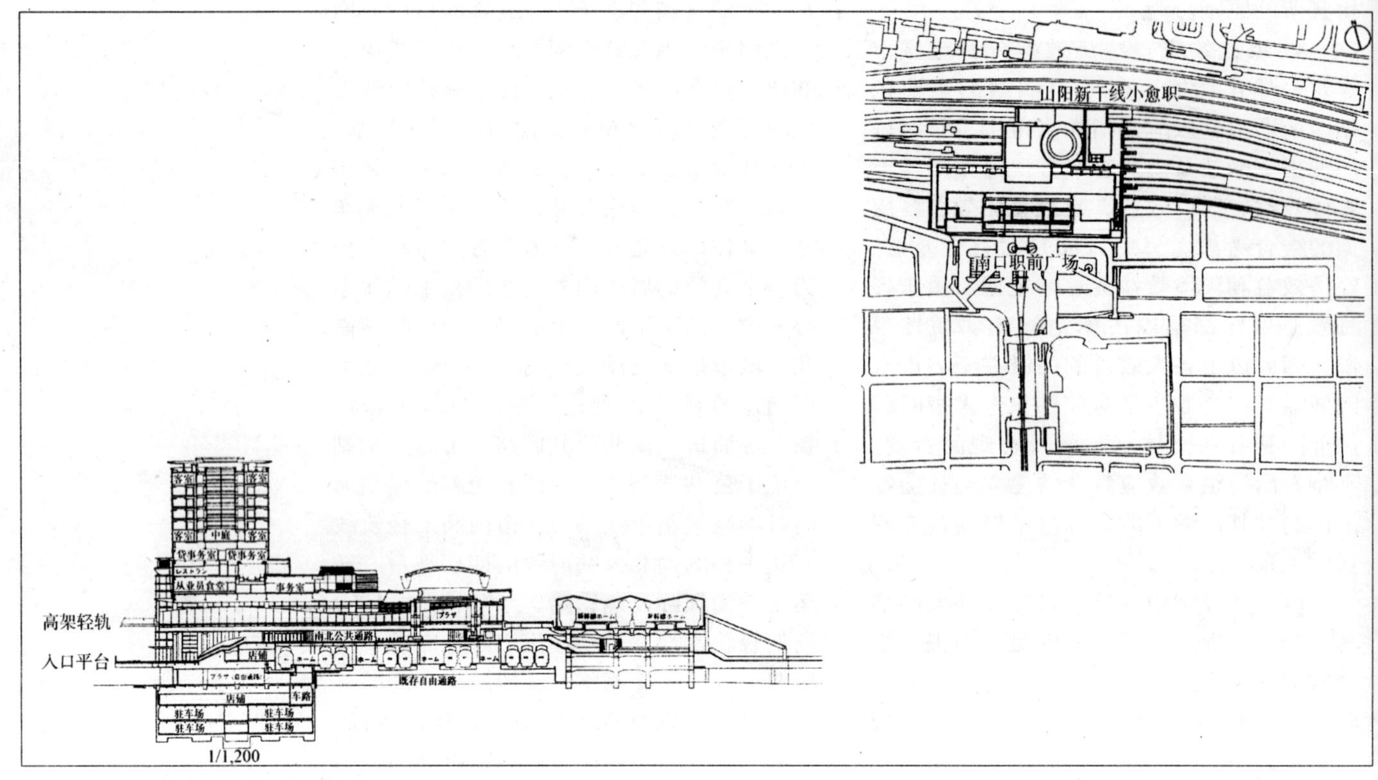

图 1　日本九州铁路转运中心南北剖面

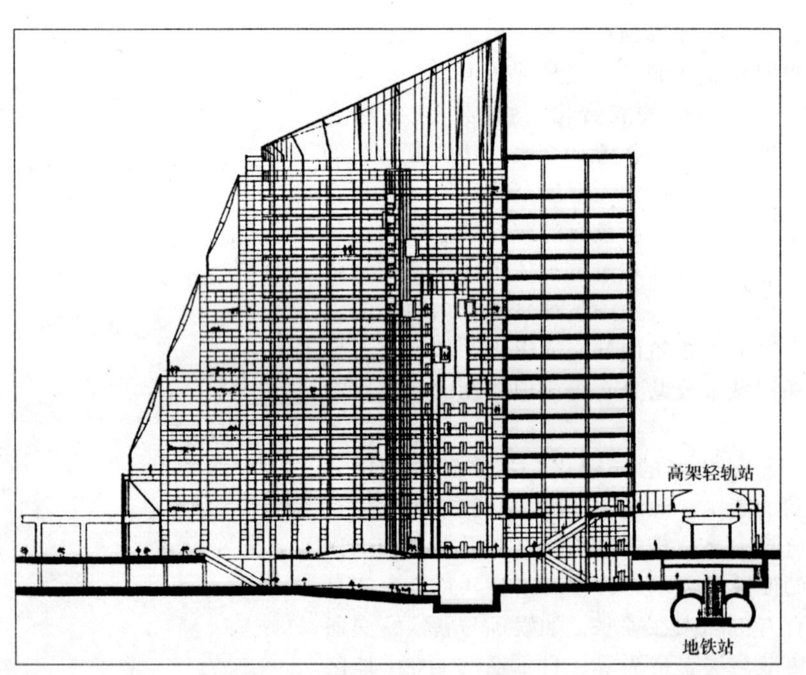

图 2　美国芝加哥伊利诺中心剖面

营运的容量，同时使得城市环境更具生气和安全感。

5. 功能的网络化　功能的网络化是对集约化、复合化、延续化和全时化功能组织方式的综合运用，以地面为基准对城市空间进行水平面和垂直面的综合开发形成协调有序、立体复合的网络型功能群组。功能的网络化模型是对传统的城市功能组织模型（二维的树形结构）的发展和修正。它综合地体现了现代城市多元集约与高效的需求。网络化模型的关键在于立体交通网络（含机动交通与步行交通）的建立，以及交通网络与各功能单元的多方位接续。法国巴黎德方斯地区采用外围交通快线与沿中轴线的地下交通快慢线相结合的方法。通过竖向交通设施完成交通快慢线之间、机动交通与地面人行广场之间转换，并通过室内竖向交通设施直接与区内重要公建的室内空间相连接（图 4）。90 年代上海浦东陆家嘴地区的城市设计也表现了对城市中心区网络化功能组织模式的积极探索（图 5）。

三、城市·建筑一体化设计的空间组合方法

基于一体化整合概念的城市建筑，其功能群组之间的内在关联以及这些建筑功能群与城市功能的合理交织反映在空间关系上就构成了城市·建筑一体化的空间形态组织。在此我们将着重探讨基于一体化整合概念的建筑空间与城市公共空间之间的构成关系及其组合方法。

（一）空间组合原则

建筑与城市之间的功能互动机制是城市·建筑一体化空间组织的根本源动力，与此同时，城市空间的组织方式也必须回应城市环境所提出的资源与制约（如土地限制、自然景观要素等）。因此，建筑空间与城市公共空间的组合原则往往来自下

述目标的综合：

1. 实现各空间单元的合理归属及其属性，包括各建筑空间单元在城市三维空间坐标（垂直方向和水平方向）中占据的位序特征、空间所有权的合理定位，空间的容量和性质如空间的大与小、公共与私密、动与静等等）。

2. 实现空间组织的有序化以保证城市机体有序运作，并符合城市人群的行为活动规律以及人对空间的认知规律和舒适度要求。

3. 实现对城市空间资源的综合开发和利用，在城市功能日益繁杂，土地资源却日趋紧张的今天，必须加强对城市地面上下部空间的综合开发和协调发展，并对城市空间的利用建立起综合集约的观念，这一点在城市中心区、亚中心区，城市不同功能区块的结合部及交通枢纽地段等城市高密集地段尤为重要。

4. 实现人工构筑要素与生态要素的有机整合，把城市空间开发对自然生态要素的破坏和侵占降至最低点。

（二）组合方法

基于上述原则，在城市建筑的一体化设计中，建筑空间与城市公共空间的组合构成一般包括下列几种形式（图6）：

1. 分离 运用建筑流线组织中分区、分组、分层的手法将不同属性、不同归属的空间按照其各自适宜的空间区位进行组织，相互之间不构成直接的联系而拥有相对的独立性。但其中的公共部分（如入口大堂、公共交通和服务设备）仍有共同使用的可能性。分离的构成方法避免了空间综合利用中可能出现的混乱和相互干扰，它适用于私密性、独立性较强的功能单元。被分离的空间单元一般占据地段空间区位中的外围。例如常见的建筑综合体中，办公、居住与商业三者之间往往需要严格分区，而办公和居住一般要与核心空间保持距离而占据地段的边缘或是近地面层以上的高空层。

2. 复合 某空间单元同时具备建筑个体空间和城市公共空间的双重性质和双重归属。这种复合空间由建筑内部使用者和城市公众共同使用，在功能上加强了建筑与城市间的直接联系，同时也大大提升了空间的使用效益。复合空间的组织形式适宜于开放性公共性程度较高的功能群组，如商业、娱乐、交通、商务办公大堂

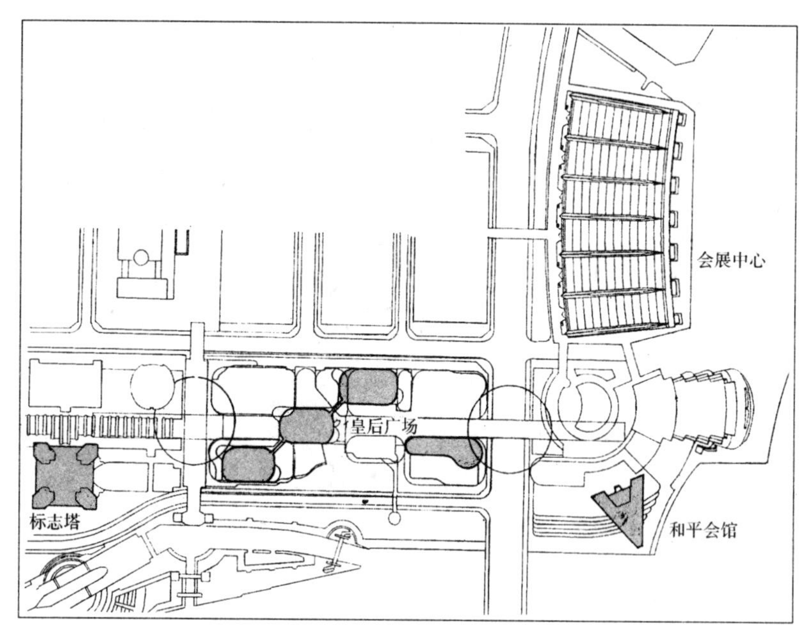

图3 日本横滨MM21地区标志塔、皇后广场、和平会场与会展中心的整体设计总图

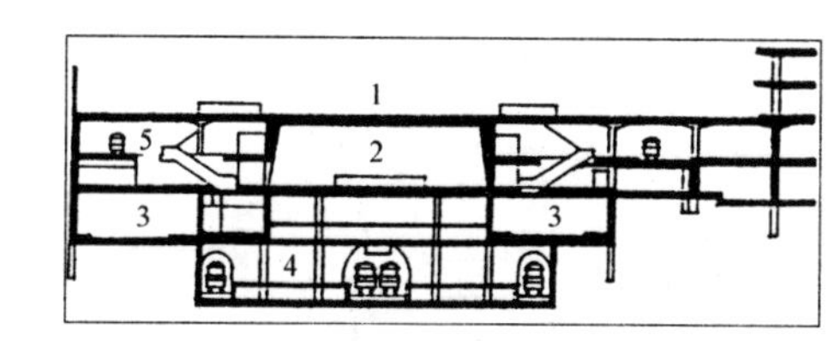

图4 法国巴黎德方斯新城东区中心平台轴线横剖面

1. 地面道路　4. 地铁站台
2. 换乘广场　5. 公共汽车站
3. 汽车公路

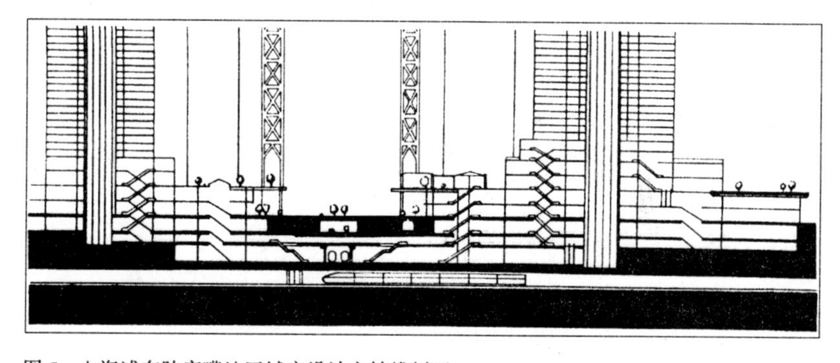
图5 上海浦东陆家嘴地区城市设计主轴线剖面

图6 城市、建筑一体化的空间组合方法

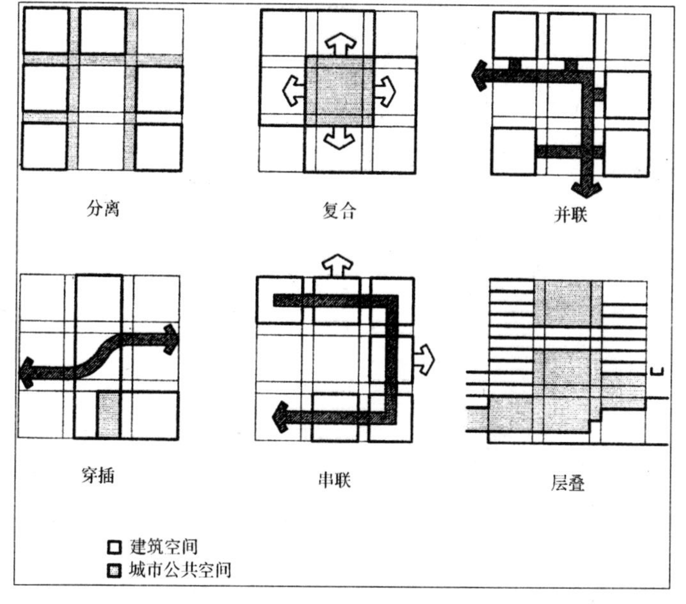

等等。美国芝加哥伊利诺中心的中庭即是一种典型的复合化空间，它同时服务于办公商业，城市地铁站和高架轻轨电车站，并接纳城市公众集会，由此我们就不难理解伊利诺中心其中庭所采用的城市化巨型尺度。复合空间由于不确定的归属关系往往造成管理上的难点，因此它需要公众文明素质，管理方法和设计处理的共同配合。

3. 穿插 建筑空间与城市公共空间或设施在三维坐标系中的立体交叉，从而促进建筑功能群组和城市功能的双重整合。试举一例：美国西雅图内城区建于一片陡峭的丘陵地带，1965 年完工的州际高速公路使内城从城市东部地区割裂出来，此后市府一直寻求重新整合城市的对策。1976 年至 1984 年间，一个充满生气的公园（Freeway Park）横跨高速干道并与地形结合起来，1988 年又续建了百万平方英尺的商贸会议中心（包括展示大厅、会议、零售、停车等设施）。该中心运用“桥”的概念将高速干道两侧连结起来，同时跨越二条城市街道，它穿插于高速干道的上下部空间并与景观要素和人行步道结合一体。这种穿插组织的结果使西雅图内城与城市整体血脉重新接合，并且在商贸会议中心自身取得成功的经济、效益的同时，也带动了周边地区复兴和繁荣（图 7）。上述这种建筑空间与城市空间相互穿插的组织方式其另一层意义在于其对土地利用极限的挑战，它涉及到城市交通动线上空权和下空权的开发归属问题。空间的穿插组织对城市中自然景观要素的保护与利用也不失为一种积极的方法。美国圣安东尼市海特旅馆与城市水系成功的空间穿插处理就是很好的例证（图 8）。

图 7　美国西雅图内城区华盛顿州立贸易会议中心

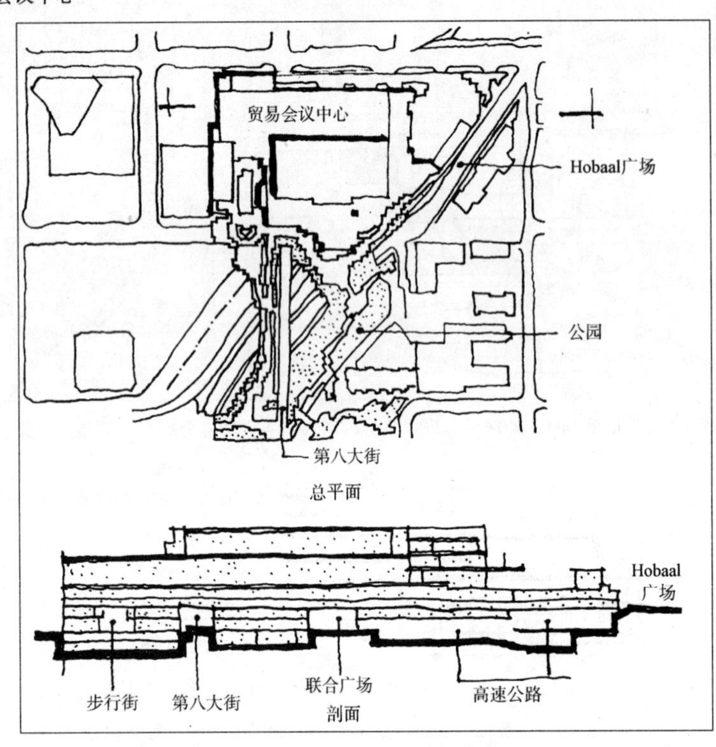

图 8　美国圣安东尼市海特旅馆

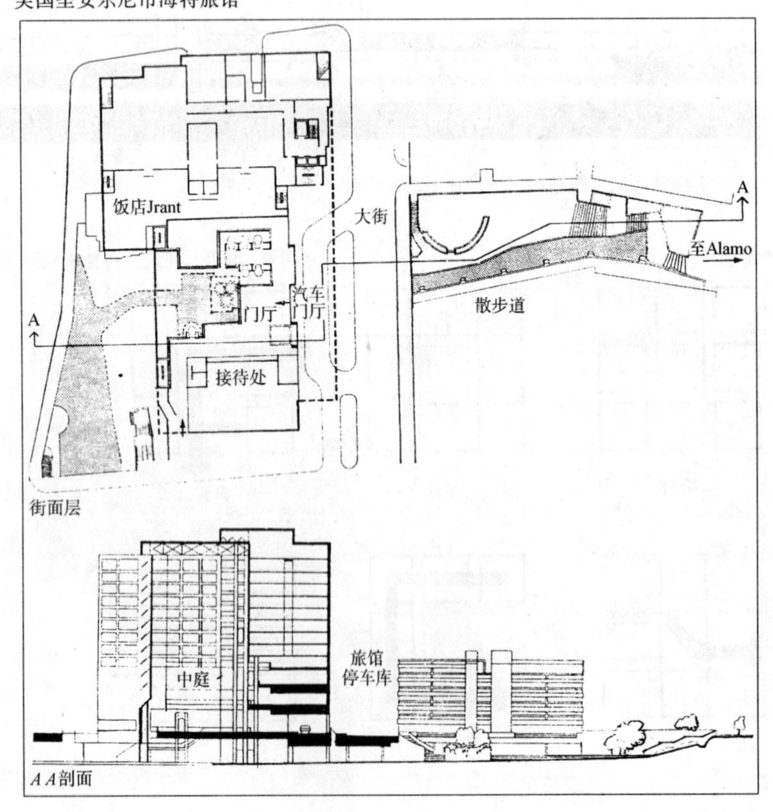

4. 串联 若干不同归属的建筑空间单元相互串接起来，不设严格的空间分割保持一种彼此流通、延续、渗透的状态，从而在建筑内部构成连续的城市空间体系。一般而言，这些在产权上具有不同归属的空间单元应具有开放性，而且其使用功能有密切的相通关系。纽约世界金融中心的近地面层各公共空间之间即运用了串联方式，将商店、餐馆、办公门厅、室内广场等内容组织到了一个连续的步行空间体系之中。从而避免了无谓的交通往返，也使得地段整体功能得以整合（图 9）。美国明尼阿波利斯市的空中人行步道连续穿越市中心各公共建筑，典型的串联组织方式很好地适应了北美地区的严寒气候（图 10）。

5. 并联 不同归属的建筑空间单元分别与城市公共交通空间相连接，在各自保持其相对独立性的同时，又构成了彼此延续相通的关系。建筑单体在城市区段范围内通过交通空间形成并联式的建筑群组，这是一种传统的城市空间组织方式，在此承担联系媒界的公共空间常常是街道和广场。这种并联式空间组织方式在当代的新发展主要表现在交通联系媒界的人车分离以及由此而产生的立体化城市步行空间体系。与串联方式相比，其人群步行轨迹对各单体建筑空间具有更大的选择性和灵活性。由于各空间单元的归属感更为明确也带来管理上的方便。一般来说，这种交通媒界空间也可以采用更为灵活的形式从而具有广泛的适应性。香港湾仔地段的空中步道体系与其所连接的各建筑单体即选择了并联式的组织方式，这些二层步行空间大都沿建筑外围发展，其垂直界面完全开敞从而恰当地反映了亚热带地区的气候特征（图11）。

串联和并联二种空间组织方式由于其各自不同的特征通常可以同时运用、相互补充，从而增加其广泛的适应性，这二种组织方式还可以进一步演化为不同的形态，如单线型态、围合形态和放射型态等等。

6. 层叠 建筑使用空间与城市公共空间或设施在垂直方向（剖面方向）上下叠置。空间层叠的组织方法是城市空间利用趋向立体化发展的一种表现形式，它与人们对城市垂直向空间区位的认识密切相关。在传统城市中，城市人群活动大都集聚在地面范围。随着人们对空间资源的积极探索以及空间开发技术的日益提高，地面上、下部空间正在成为城市空间区位构成的重要组成元素，一般来说，城市空间的垂直区位越是接近地面层，其空间性质越是趋向开放和密集，其区位价值越高，也越是适合发展城市公共空间。现代城市对空间资源的综合利用一方面表现为对不同空间区位的尽量占有和扩张，更重要的方面在于对城市地面上下部空间质量的不断改善从而整体提升不同区位的空间价值。从空间设计角度来讲，其最重要的变革就在于将传统习惯中集中于地面或近地面层以公共性为主的功能元素、环境元素、空间特征及其设计方法向地面上下部两极延深和推展，从而实现城市地面的再造和增值。下沉广场、高台广场、屋顶花园、空中客厅、地下步道、二层步道、高空天桥等等城市环境元素层出不穷。建筑空间和城市空间的层叠，其实质就是城市

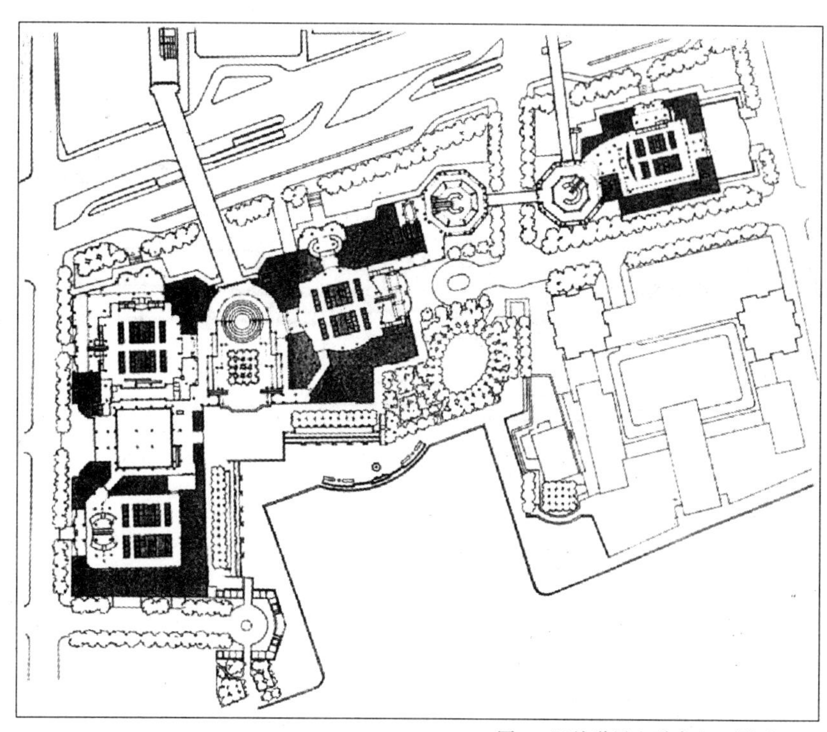

图9 纽约世界金融中心二层平面

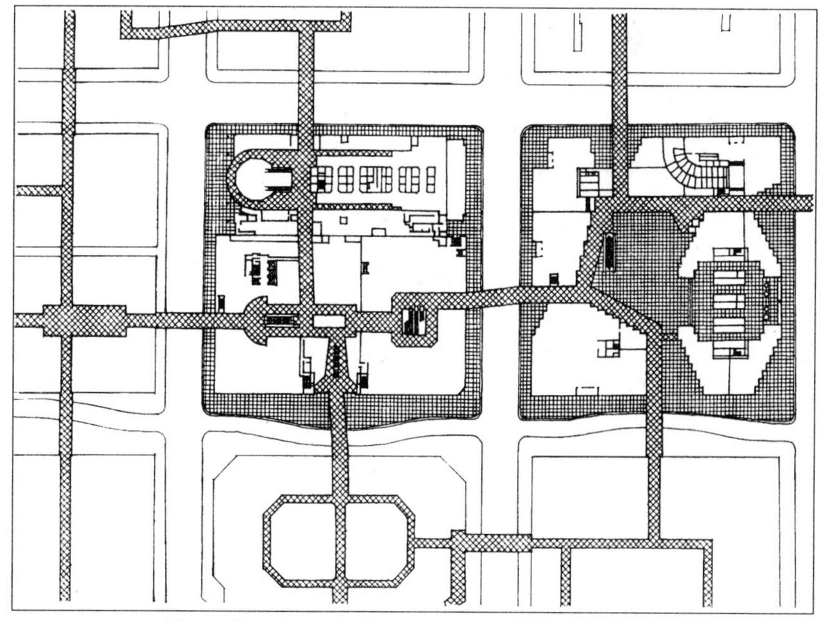

图10 美国明尼阿波利斯市 IDS 中心、西北中心、盖威达商场二层平面

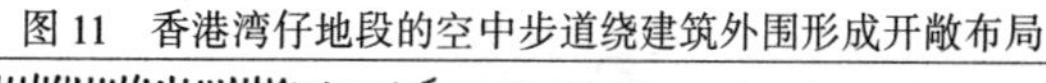

图11 香港湾仔地段的空中步道绕建筑外围形成开敞布局

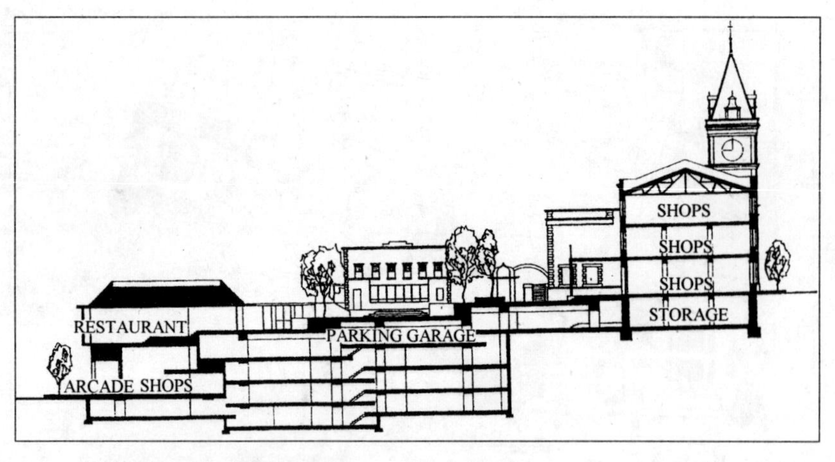

图 12　美国旧金山 Ghiradalli 广场剖面

图 13　香港太古广场

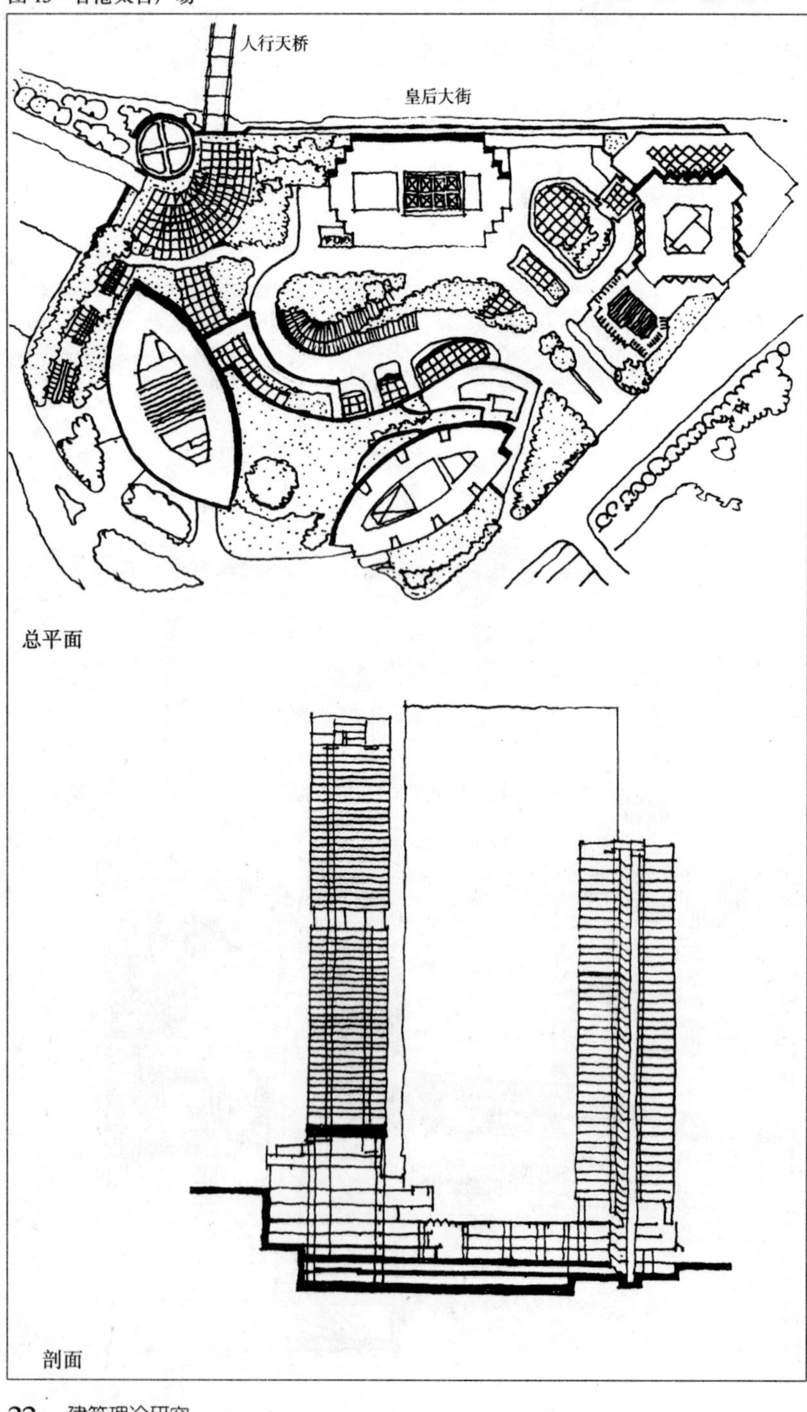

空间的垂直运动，并在垂直运动中加强建筑与城市的整合，从而起到改善环境质量，促进城市机体运作便捷和保护自然生态要素等多重作用（图 12）。香港太古广场的空间组织表现了对层叠空间的卓越运用。其地下商场直接与地铁中环站相通，城市空中步道则从三个方向穿越二层商场中庭，商业裙房的屋顶在水平向与半山街道相接，构成了公私融合，人工与自然不分的高空广场，而这里却正是四幢高层楼体的“地面入口层”（图 13）。

在城市与建筑一体化设计过程中，建筑个体空间与城市公共空间的分离、复合、穿插、串联、并联和层叠是几种较为常用的空间组织方式，但在实际操作过程中，既没有必要，也不可能对这些组织方式严加区别，而更多的是综合运用并将其转化为灵活的设计技巧。随着具体的设计对象、功能要求、规模层次、所处地段和环境特征的不同情况而表现出丰富多彩的空间形态。

四、结语

城市建筑的一体化设计是对建筑设计环境观的拓展与深入，同时也是城市设计学科中具有典型意义的重要组成部分。它抓住城市与建筑之间功能和空间联结这二个关键点，突破城市建筑内与外之间，不同地块、不同功能、不同层次之间的门槛界限，以“整体设计”（Holistic Design）的创作方法，对城市与建筑之间的“中间领域”（In-between Place）作出具体且富有弹性的综合设计，以期达到对城市建筑整体形态的控制和引导。一体化设计观念对建筑创作中的环节意识（Kegstone Image），对城市公共间体系，城市综合体等环境整合规划和建设工作都具有十分现实的理论和实践意义。

参考文献

1. Alexander Garvin, The American City-What Works, What Doesn’t, McGraw-Hill, New York, 1996
2. 新建筑（日本），6/1991（增刊）
3. 新建筑（日本）5/1991

韩冬青，东南大学建筑系副教授，博士后
冯金龙，东南大学建筑系讲师

城市生态空间理论探讨

葛　明

一、城市生态空间的概念

城市生态空间是人类生态空间的主要表现形式之一，而人类生态空间起源于人化了的自然生态空间。自然生态空间是建立在物理空间基础上的与生命现象和生物活动密切相关的空间，包含着生物与环境的双重关系。对于自然生态空间有三种理解：空间效应观、空间功能观、空间行为观，它们又同时构成了它的三个方面。

自然生态空间的人化可分为狭义和广义两种。狭义上指人类通过定居行为营建了人工场所，使定居的空间与行为合为一体；广义还包含广大的自然环境，它不一定经由人的改造，但经过历史的过程，在狭义人化的基础上，人们从中可以体会到"被掌握的规律性"，从而实现了人化。我们往往在重视人与人工场所的关系时，忽略了后一层含义。

城市是人类的主要栖居形式之一，人们在里面会合，交流物品和思想，进行多种多样的接触，共同体验世界的丰富性。在聚居过程中，人类改造外在与内在的自然，营建公共栖居（public dwelling）和私密栖居（private dwelling），把他们的社会性与生物性同化在其中，从而形成人化空间的一种形式——城市生态空间。城市生态空间的形态中人工环境形成了主要的一部分；其空间状态的集聚和分散反映了人类的行为状态：其功能组织由人类来安排设置，所以这一空间充满了人性。因而它既具有生命的特征，如生长与进化；又具有社会文化特征，成了人类文明的载体。

由于城市生态系统具有自组织特性，所以根据协同学原理，城市生态空间与自然生态空间之间存在着某种系统相似性，对它的研究在某些方面也就可以按照自然生态空间的三个方面或者各个组织层次来进行。

城市生态空间概念的提出，是为了强调人的建设活动与生态环境的密切关系，使空间、建筑、生态这三个都包含有对人类"栖居"表示关注的词结合起来，为"公共世界"中的城市这一栖居形态的发展提供新的研究方法，并希望通过它建立一座建筑结合人文科学、自然科学与技术科学的桥梁。

二、城市生态空间的层次

城市生态空间研究的空间尺度层次分为区域、城市、建筑群体和建筑单体；空间组织层次分为空间个体、空间群体和空间景观。各个尺度层次的空间类型在组织层次上表现出各种一致性与差异性，追求空间总体的协同进化是研究的主要目标。

（一）个体生态空间

生态空间的个体是城市生态空间的基本组成单元，也是与环境发生关系的基本单位。环境因子（factor）对空间个体的作用，空间个体对环境的适应与空间类型的进化是关键点。研究城市建筑生态空间个体就是要为了探索环境因子与环境条件总和对各种建设类型的分布、产生、延续、转换的影响和与之相应的适应、变异与进化。

1. 城市环境因子是从城市环境系统中分离出来的各种要素或条件单位，一般包括自然因素、文化因素、社会因素、经济因素等等。因子作用的特点有：综合作用、主导因子作用、阶段性作用、因子不可替性与补偿作用、因子之间的相互抗拮作用、因子之间的协同增强和叠加作用。充分了解环境因子的组成成份和作用特点，合理地协调甚至配置因子作用是城市生态空间发展的前提。

环境因子作用的主要规律是限制因子规律与最低量规律。自然生态因子对于城市的发展一直就是重要的限制因子，它既是城市的立地条件，往往还是城市特点的主要体现者。文化因子对城市的布局结构，社会因子对城市的生活形态也都扮演着限制因子的作用（拉普卜特等学者对此有很好的研究）。当因子稀缺或过量时，它就会对城市发展起关键性的影响，比如沙漠中的水源对城市的选址来说常常就是主导因子。现代城市发展中比较重视经济因子的作用，常常忽视自然与文化因子，不了解自然因子的不可替代性和文化因子的积极作用，从而导致了生态失衡。

2. 适应（adaption）是空间个体经过生存竞争而形成的适合环境条件的特征表现，是环境选择的结果。环境因子产生的选择压力在空间上的变化是形成空间形态多样化的主要原因之一。其变化的连续性会导致空间类型发生渐变，产生空间梯度。象中国民居的建筑形态从南向北屋顶坡度渐渐变缓，从浙江、江苏向山东地区门楼起翘程度由陡变缓，两组渐变群就分别是对气候梯度与文化梯度适应的结果。

适应对于城市生态空间的成长有着重要的意义，一可促使“健康”的空间个体数量增加，分布区扩大，二可促使遗传变异，形成类型的分化，并逐步进化到高一级形态，从而促使整个生态空间的进化。适应的类型有趋同、趋异适应两种。前者指不同空间在相同环境中受到一个主导因子的长期作用，从而产生相同或相似的适应方式，建筑风格就是在趋同适应中不断成熟的；后者指同种空间在不同环境下长期存在而产生不同的适应，形成丰富多彩的类型。对趋同、趋异的分析，往往能挖掘到背后作用的主导因子而加以充分的利用。

适应的本意是促使空间个体的进化，但由于环境选择的局限性，使一些历史上有着良好适应性的空间类型，建筑布局在新生活形态的冲击下，往往无法适从，体现出滞后性来，所以对适应的范围和程度要有比较清醒的认识，要区别对待不同时段的环境选择压力。城市生态空间就在不断的选择与适应中取得发展。

3. 空间类型的进化是由空间长期发展的适应性累积和空间突变来完成的。进化的过程中交织着“恒与变”的关系（Giedion），空间通过内部重组形成的进化叫基因型进化；通过与环境结合后使特征发生变异形成的进化称表现型进化，这说明空间自身特性的变异与环境的选择压力是促使新的空间类型生成的主要途径。建筑类型学（architectural typology）对于空间类型的生成作了深入的探讨。

建筑类型学的起源与生态学有一种天然的亲和力。18 世纪蒲丰（Buffon）和林奈（C. Linnaeus）提出生物分类学，从生物外表特征来确定种间的相似与互异，并以相似型作为“原型”，视为新物种产生的根源，相似性越普遍，原型越可靠。陆吉埃（M.A.Langier）据此在《论建筑》中提出了“茅棚原型”。现在建筑类型学的类型概念建立在德·昆西（Quatre mere de Quincy）定义的基础上，他指出类型并不只是摹仿原物，“它本身要为 Model 建立规则”，它所摹仿的还有“感情和精神所认可的事物”。这表明在建筑作品中类型作为抽象结构与物共同表达了世界。横轴上，由于城市与建筑背后都有着永恒的类型结构，所以也就具有一致性，生态空间的各个尺度层次也就有了共同探讨的可能。纵轴中，类型来自于历史中已存的形象，所以使城市与建筑的形式操作建立在“历史与记忆”的交点上，这样空间类型把历史与现实联结起来了。类型学从历史模型形式的还原抽象中获取类型，然后把类型结合具体的场景还原到具体形式中，同时体现了空间类型的基因型表达与表现型表达。在这“具体——还原——具体”的操作过程中，城市生态空间类型的自身性状的保存与变异有了有机的联系。既具有更新的可能，又为原有“秩序”保存了地盘，从而形成了城市生态空间“细微”的进化。

此外，空间类型的进化中要加强整体生态空间的开放性，作好“不连续”进化的准备，以应付空间的突然干扰和变态（mutation，这也是 1996 巴塞罗那第 19 届世界建筑师大会研究的主题之一）。它的进化要更多地体现在自身结构组织的进化和形态的变更上，而不应该以环境的退化为代价。

（二）群体生态空间

城市生态空间的群体组织层次分为空间种群与空间群落。空间种群是同一地域同种空间类型的有机组合体，空间群落是同一地域各类空间种群的复合体，它们比之于空间个体具有一些群体组合特征。

在空间种群的社群关系中，竞争是支配城市生态系统发展和变化最基本的要素之一，也是古典生态学家最重视的生态原则，属于负相互作用；共生是当代生态学研究的重点，是正相互作用的主要体现者，也是城市生态平衡的法则。

1. 竞争（competition）是要求相似的空间类型在资源有限前提下力求抑制对方获得生存与发展机会的关系。它促使优胜劣汰，使整个环境资源利用率提高，对某些空间个体不利，但对于整个城市生态系统合理，达尔文物种起源的五大基础理论之一就是完善的竞争机制。

在城市生态空间发展中，竞争是系统平衡的内部机制和动力，具有现实的意义：其一，为了适应与自然和人的竞争，人类常常聚居在一定的空间范围内，互相依靠，共同发展，促使了城市的产生，而经济、社会、文化活动在城市中的集中，利于产生集中效应和规模效益；其二，竞争促使生态系统内部空间分化，形成空间梯度，早期的城市空间结构理论和区位理论（location theory）就是建立在竞争分化的基础上的。

从理论上讲，城市生态系统中各组织层次之间的竞争是出于对同一资源的利用引起的。所以环境条件所允许发展的最大值——“环境容量”，是组织之间竞争的一个基本要素。组织双方竞争的结果一般出现三种情况：某一方被排挤掉，被迫迁移；或使某一方发生生态特征分离（Seperation）；也可能使双方之间形成动态平衡而共存。正是由于环境条件的限制，城市在各种竞争作用下，发展呈现为逻辑斯谛（Logistic growth）增长，一直达到环境容量为止。合理利用竞争机制，对不浪费环境资源无疑有着重要的意义。

2. 共生（symbiosis）是城市生态空间多样化的基础，它促进了城市整体结构功能分化以后，又进行多种形式的相互协作，从而避免了由于竞争作用带来的城市空间发展单一化、均质化的趋向。当代城市生态学认为共生与共栖（commensalism）关系是构成整个城市生态系统经济结构与社会结构的基础。在生态系统内，各级组织只有通过分工合作，才能使功能发挥最大化，使每一分子都扮演合适的角色；取得整体的协同，而分工合作的基础就是共生与共栖。加强空间共生作用，建立空间共生体对于城市一体化，城乡一体化，区域一体化，创造共生界面（symbiosis edge）的理论和实践有着重要的意义。

寻求城市生态空间的共生，就需要选择、归并，创造空间协作单元，增强它们的适应能力，挖掘它们的内在联系，建立合理的“接口”，寻求紧密的联系，争取协同的进化。面临社会、科技的发展，社会分工越来越细，任何组织和个人都无法完全独立地成长，共生也就显得愈为重要了。

3. 城市生态空间群落研究的核心是群落演替（Succession）。演替是指一定地域内不同空间类型的取代过程，它由空间群落与空间个体共同控制，具有整体与个体共同进化的特征。演替的过程表现了城市生态系统内部变迁的过程。同一地域内城市带、城乡结合带、建筑群组合到单体之间的复合空间（multispace）等不同尺度的空间群落中发生的各种活动与环境相互作用，形成了演替产生的内因；如行政干预等促使演替向预定方向推进是演替产生的外因，竞争与干扰作为演替发生的重要机制具有普遍性，所以城市的生态演替也就成了十分自然和普遍的事实，城市的扩张发展与内部结构的重新整合都反映出城市演替的现象。

生态空间的演替开始于迁移（immigration）和侵入（invation），接着是先锋群落进行定居（colonization），再经过竞争、反应、稳定形成演替的最终状态顶极群落（climax）。研究演替过程就是为了合理引导演替的发生，防止当新功能新形式取代旧功能旧形式时，城市生态系统发生突然紊乱乃至于崩溃，同时也尽量避免发生进行逆行演替（regressive）。针对城市生态空间的一些演替现象，可以用马尔柯夫的概率转移模型等方法，以某一空间类型在特定时间中被其它类型替代的概率来描述预测演替的结果。

城市生态空间演替过程中，随着环境因子的不断变化，人口、气候、文化、技术、经济等不同的演替顶极也随之变化，形成了连续的顶极类型（continuouity climax types）。其中分布广且处于中心地位的顶极群落称为优势顶极，起统领作用，它也发生进化，成为衡量城市生态空间发展程度的标志：当优势顶极从气候顶极变为人口顶极再变为技术顶极、文化顶极时就意味着城市在不断进化。

(三) 景观生态空间

城市景观生态空间是城市生态系统之上的组织层次。景观作为空间上不同生态系统的聚合，是广义上“人类生存空间的‘空间和视觉总体’”（Carl Troll）。它在结构上是若干生态系统的镶嵌体，功能上表现为各类生态系统相互作用，环境压力与干扰因素是其形成的主要原因。空间景观原理主要有结构功能原理、多样性原理和稳定性原理等。

1. 城市景观生态空间是由相对独立的景观要素斑块（patch）、走廊（corridor）和本底（matrix）构成的镶嵌体，其中斑块是具有相对匀质性，外貌与周围地区形成对比的区域；本底是景观功能上起优势作用，分布范围最广的要素类型；走廊是与两侧本底不同的带状区域，它们共同构成了景观的空间格局。它们一般都代表一些城市群落系统，对应于城市居住群、商务中心区、城市群这些在地域内异质分布的对象。区域空间中，城市具有斑块的形状、数量与格局特征，有时可以抽象为具有一定活性与扩散能力的点来分析；道路河流等各种“流”的通道联系着各级城镇，起着走廊的作用；区域作为本底是城市吸引力与辐射力的范围。走廊形成了网络系统，结点发挥着交点效应，它们和腹地一起形成了区域空间结构的三大要素，要素间的整体发展才能使区域总体景观协调。

空间的多样性尤其生态系统的多样性对人类生境十分重要，甚至“影响着人性的丰富”。多种生态系统的共生才能使它们与立地条件相适应，让景观总体生产力达到最大，才能使城市景观功能正常发挥，并维持一定水平的稳定性。这从生态原理上说明了城市的布置与建设应该避免千篇一律，要具有共容的能力，促使城市生态系统稳定。

2. 空间景观层次的引入为城市生态空间研究拓宽了范围。首先它运用综合方法在区域范围内研究城市生态系统与其它生态系统之间的联系和相互作用，加强了区域与城市开发的整体性，利于城市在区域资源的开发利用中取得综合效益；其次，景观除了有结构功能、结构变化方面的原理之外，它还是人类精神文化与感性认知的需要，进行景观规划，保存景观要素，开发资源，确保水、土地的永续利用之外，还需要根据环境特点进行美化设计，塑造优美的城市景色；此外，景观生态中的整体论和系统论为城市景观理论打下了基础，整体是处于相对稳定态的相互关系的集合，其维持机制是内稳定性（homestasis），而景观生态研究的就是内稳态机制，研究区域内所有作用因素之间的相互关系，所以景观层次的研究对于城市功能符合自然规律进行持续发展很有益处。

三、城市生态空间的特征

城市生态空间的特征主要体现在其结构模式与动态发展二个方面。

(一) 城市生态空间的结构模式

丹下健三曾说过：“我们相信，不引入结构这个概念，就不能理解一座建筑，一组建筑群，尤其不能理解城市空间。”结构是内在要素的相互联系和组织方式。城市作为复杂的综合体，其空间结构是混合交错的半网络结构乃至更复杂的结构。

1. 城市生态空间结构模式在竞争、干扰作用下，形成了层次性，多样性的特点；在生态系统规律影响下，有开放性和自相似性的特点；在发展过程中又表现出了稳定性与灵活性的特点。只有充分地了解和应用这些结构模式的特点，才能促使城市生态空间结构的健康发展。

竞争、干扰导致了城市生态空间生态位的分化和空间梯度的形成，使空间类型分布在不同层级上，形成了层级体系（hierachial system），从而保证了多种空间共存的同时对资源取得最大利用。从对自然资源的充分利用到对更高级的社会资源的开发再生，促使了各级空间组织的生成与均匀分布，整体上形成了金字塔状的多级空间镶嵌格局。城市生态空间由于遗传多样性，类型多样性与生态系统多样性，在竞争、干扰的内外作用下还形成了空间结构的多样性（diversity）。结构模式的不同表现在组成要素的不同或要素相位关系的不同与要素联结关系的不同上。

城市生态系统的开放性决定了生态空间结构的开放性。表现在城市内部空间结构由过去封闭的单核结构向多核心的开放组合式的城市方向发展。形态似乎较前有所松散，但内在的联系却更为紧密有机了。自相似性（self similarity）来自于分形概念，指组成部分以一定方式与整体相类似。城市生态空间形态复杂，是典型的自相似体系，许多方面具有自组织、自相似的分形生长能力，主要包括等级分形，分布分形，区位分形和边界分形。对自相似性形象地理解指城市生态空间中不同规模尺度的空间类型常出现“同构”现象。自相似性的特点表明在混沌的城市生态空间中，隐含着局部与整体的本质关联。

城市生态空间结构以物质形态为依托展开，并以社会心理结构的维持来获得隐定性（stablitity），而城市结构的转换与自我调节功能又使它具有自组织特征，从而能灵活（flexibility）地适应环境的选择压力。

2. 城市生态空间结构模式包括城市景观的宏观空间结构和微观空间结构两部份，分别指以城市为中心的区域空间结构和城市内部空间结构。

在对城市生态空间结构的研究中，芝加哥学派认为人类社会由“生物学”层面和“文化”层面组成，他们视文化为依赖于生物学层面的超结构，虽然能抑制空间竞争，但城市最终的空间结构是生物秩序的产物，通过竞争、演替而形成。如伯吉斯的“同心圆”等抽象的理论模式都表现了现代城市在“生物秩序”作用下的自然进化和演变的一些特点。

但从整个时空范围来看，“文化秩序”也始终在城市空间结构的形成中扮演着重要角色。从中国古代棋盘式城市模式，文艺复兴的“理想城市”，勒·柯布西耶的功能模式直到索勒瑞的仿生城市都反映了“文化秩序”所起的作用，反映了人们的信仰和理想，拿拉普卜特（A. Rapport）的话来说，它们还创造了“规则和惯例系统”。它和生物秩序一道构成了形成城市生态空间结构模式不可或缺的动力。

“生物秩序”表现了自然规律在城市生态空间结构模式形成中所起的作用，而“文化秩序”则更多体现了人的能动作用，如果过分重视“生态秩序”的作用，那就往往会听任城市的自由更替与蔓延，从而影响了空间结构的健康形态；如果过于相信“文化秩序”，视城市仅仅是一个工具或机器，或一种单一想法的实践，那么城市空间结构也会呈现病态，上半世纪意大利法西斯对罗马城的改建就是一个操作不当的实例。只有双重秩序的并置建构，才能使城市空间结构在外组织力和自组织力共同作用下，稳定而灵活地发展。

（二）城市生态空间的动态性

生物在严酷的环境中，为了更好地改变小生境条件，从而寻找最适合的群聚（aggregation）生活。但每个有机体都有自己的最适密度，过疏过密都会产生限制影响；当密集度达到一定的程度，分散也就会自动产生。

在城市生态空间中，也可以看到集中与分散的矛盾交织成了城市动态过程中的主线索，它们贯穿于发展与运动的始终，又一一体现在城市生态空间尺度各异的形态组织之上。研究城市生态空间的这一动态特征，对于城市的区域发展有着重要的意义。

1. 集中与分散既是一种形态，也是一种作用力，许多城市在双重作用下经历了几个典型的发展阶段，表现出了双重形态。例如沙里宁（Eliel Saarinen）在《城市：它的发展、衰败与未来》中形象地描述道：“如果几滴水倒在桌面上，则水滴由于内聚力而形成了一个具有明显边缘的圆点。如果用指尖轻按这个水点，水点的边缘就向外膨胀，但仍保持其原先的形状。指尖如果按得重一点，水点就会向外扩展成一个多角的星形。如果指尖猛按在水点上，水就会向外飞溅，在周围形成许多大小不同的水珠。”当水珠由于内聚力呈现为单一的球形时，城市仿佛是一种特殊的容器，用最小的空间容纳最多的设施、人与文明：接着城市内容增加了，需要扩大结构，集中格局分散，但引力依然存在，使城市围绕中心蔓生呈现星形状态；随着城市与区域的不断渗透，“飞溅的水珠”向外扩散，与“原有水珠”保持着若即若离的关系，集中力与分散力取得了均衡。这样城市的“创造与控制”，扬与抑，张与弛在集中、分散的发展过程中表现得清清楚楚。

空间动态的研究正是为了有计划地探讨城市“从简单到复杂，从普遍到特殊，初期呈现集中化增长而后期趋向分散化”这些进化的过程，从而合理运用集中与分散策略服务于城市生态空间的建设。

2. 集中（concentration）作为城市生态空间的基本形式，表现在人口、社会、经济、建筑的集聚和强化趋势上，沙里宁于1970年总结了强迫性集中、投机性集中、垂直性集中，文化性集中四种形式。当集中过程开始以后，就出现了集中化（centralization）现象，各种空间种群、群落聚集于一点，按照系统生态原理中能量最优利用的原则，中心点在竞争生长中处于领先地位，优生优长，这在城市内体现为中心商务区（CBD）的发达，在区域内体现为中心城市统领地位的确立。集中对于城市发展的集约化与规模效益的形成起着重要作用。应该说城市本身就是人类文化的一种集中方式。

分散（Decentralization）指空间个体向外的扩散，空间分配组合中的分化和空间个体为保持领域感（territoriality）而采取的积极机制隔离（Isolation）。扩散是空间的向外扩张、流动的传播，包括人口、交通贸易的疏散、市区的扩张和文化、信息的传播，分为扩展扩散、位移扩散、等级扩散三种形式，扩散常常造成了典型的空间梯度分布，即从中心向边缘区逐渐变化分布。分化指城市中因差异竞争形成区位，导致空间结构和功能重组的现象。而隔离是由于社会特征（种族、宗教、阶级、文化水准）与经济特征的不同引起的各种社会组织不同的空间利用现象。空间分化与隔离常常相伴而生，形成分离(segregation)，“邻居”的概念就是分离的一种反映，表示不同的居住模式和领域要求。

集中与分离现象在时空上此起彼伏，相互交错，象弗里德曼（J. Friedmam）模型那样在动态过程中不断演化，可以促使区域内城市与腹地共同进化，城市中心与边缘区共同进化。

3. 在城市生态空间的发展中，集中和分散还是两种基本的区域发展战略，既影响了区域的开发模式，也影响了区域内城市体系的构成。

集中发展战略以法国佩鲁（F.Perroux）提出的增长极核理论为代表，在我国长江三角洲发达地区将会大有用武之地，其不足在于容易产生“中心孤岛”和“飞地”，忽视了整个腹地的共同发展。印度等国家急切于特大城市建设，造成了城乡严重对立的教训就在于过早、过分地运用了增长极核理论。

分散战略论是以农村为发展基地的理论，起初的思想是为了避免不发达地区受发达地区的限制和剥削，我国的苏南模式是属于不自觉应用这一理论的代表。

1980年代以来，隆迪奈利（D.A.Rondinelli）等开始提出城乡结合的地区发展战略，主张每个地区的发展要有特定规模和职能的城镇体系，加强城乡联系，达到整体发展的目的。这种战略在集中之中有分散，分散之中有集中，要求乡村城市化，城市田园化，为区域中的城市生态空间发展提供了新思路。

面临城乡的共同发展，城市空间的“人情味”的寻找，社区价值的恢复，环境一致感的认同都要求处理好集中与分散之间的辩证关系，促使城市生态系统在动态平衡中发展。

（本文在写作过程中曾得到刘先觉教授的指导，特此致谢）

参考文献

1. 孙濡泳等编．普通生态学．高等教育出版社，北京，1993
2. 董雅文编著．城市景观生态．商务印书馆．北京．1993
3. 马骏主编．现代生态学透视．科学出版社．北京．1990
4. [美] I.L. 麦克哈格．设计结合自然．芮经伟译．中国建筑工业出版社．北京·1992
5. 刘先觉．现代城市发展中面临的生态建筑学新课题．建筑学报．1995-2
6. 张宇星．城镇生态空间理论．东南大学博士论文．1995
7. Ecological Design and Planning，George F. Thompson and Frederick R. Steiner，editors，John Wiley & Sons，INC，1997

葛　明，东南大学建筑系博士研究生

城市景区评估的生态标准

——以扬州蜀冈—瘦西湖景区为例

汪晓茜

城市景区是城市不可分割的一部分，是以自然景观为主的自然人文复合景观。自然资源加强了风景区的旷奥度，人文资源加强了时间上的返逆度。城市景区除了满足净化空气、调节小气候、防风固沙等生态功能外，它更象一个安全阀，提供工业发展带来的反向压力，满足人们的精神需要。传统的景区设计偏重考虑观赏与审美价值，今天所倡导的生态的风景设计则更多考虑整体大环境中生态效益和多种功能的发挥，特别强调在景观规划设计中绿色植物和水体等自然因素对改善环境质量的生态作用。为景观设计作铺垫的生态评估则成为不可缺少的部分。

景观生态学的理论和方法应用于区域发展研究，主要是景观生态评估和景观生态规划。景观生态评估是指把人与景观的关系作为研究内容，通过一定的方法，来评价和分析某个生态因子或几个生态因子相互作用的集体效应对区域开发的影响程度，便于对城市或区域提出适宜的开发方向及优化方案。生态评估的方法是多种多样的。早期多为定性式的，描述性的，如一直以来对风景区、园林所进行的个人直觉式的欣赏评价，这种出于偏好型的方式缺少技术、经济的内容，与现代社会日益信息化、精确化的趋势和需求有差距。国际上，自七十年以来，大量出现的是数学计算法，将大量监测数据通过数学公式的运算来表达，为使用计算机和自动绘图技术提供了条件。

景观生态环境质量的评估工作是一项综合性、多指标同时实践性又很强的工作，国内能全面开展这项研究的工作并不多见，早期的有中山大学对海南岛生态环境质量现状评估，以及近来中科院南京、成都等处研究所对三峡库区自然环境质量的评估工作。该类评估既不同于单项的环境因素评价，也有别于目前较多的环境污染区的质量评估，该类评估的立足点是：(A) 区域综合的宏观评估；(B) 生态环境的质量评估；(C) 评估对区域开发的影响。

生态质量评估的步骤，一般可概括如下：

(1) 收集、整理、分析生态因子及相关资料；

(2) 根据评估目的确定生态质量评估的要素及评估指标的选择；

(3) 选择评估方法或建立评估的数学模型，制定生态质量系数或指数；

(4) 对生态质量进行等级或类型划分；

(5) 提出生态评估的结果并讨论。

以上评估的方法步骤通常应用于较大范围如流域、区域、次大陆内，其资料所涉及的因子非常广泛。本文所选取的是城市景区这种小范围的生态境域作为研究对象，其功能不复杂，评估涉及因素不多，评估目标较单一，因此在上述评估方法的基本原则指导下，简化步骤，可以确定蜀冈—瘦西湖景区生态评估过程。其中对于难以实现量化的生态因素如化步骤，可以确定蜀冈—瘦西湖景区生态评估过程。其中对于难以实现量化的生态因素如景观特色，可依据经验标准进行分析判定后再转换成计算分值：

1. 景观生态参数的确定

综合评估是多因素相叠加的评价，其指标是一个体系。作为评估的参数可以成百上千。但由于大量指标在分区较小的情况下，不易取得完整资料，计算也很烦琐，故可以根据上述提出的景区生态设计的三个目标：保护、游憩、生产，从庞大的指标体系中，精选出能反映生态质量的环境因子作为评估的参数和项目。从蜀冈—瘦西湖景区的实际出发，我们侧重于考虑自然保护和人工景观开发。因此将地理资源、土地利用、水文状况和植被生态作为四个子系统。每个子系统根据情况选入多少不一的生态因子作为评价参数。其它的环境因子从略。

图 1　风景区分区单元图

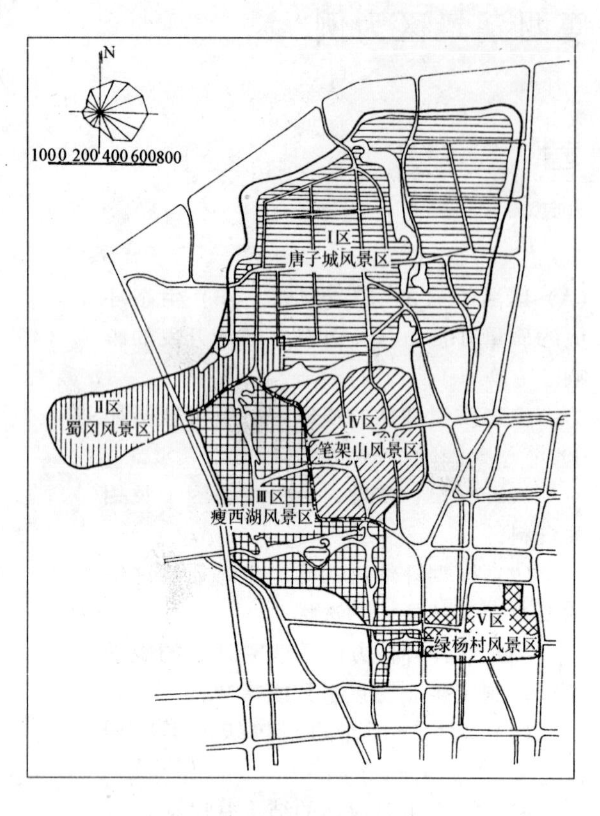

2. 评价单元

进行生态质量评估必须从基本单元入手。根据扬州市规划局提供的景区区划图的分区单元，作为评估的范围和基本单元（图 1）。

3. 指标和等级的确定

根据蜀冈—瘦西湖景区自然环境特点及现有开发状况，我们将生态环境评估的质量分成五个等级的得分，即最适宜的为一级得 5 分，最差为五级得 1 分（表 1）。为了计算需要，先把各生态因子的实测值转化为可比较的无量纲值。其中水源、植被、土地利用中许多评价系数没有比较确定的量算数据，主要根据经验加以分级。

4. 评估结果与讨论

经过以上评估的阶段，再根据资料分析和现场调查，作者总结出蜀冈—瘦西湖景区各个评价单元生态评价的结果并作土地利用方式的探讨，仅供有关部门参考。

Ⅰ区（唐子城风景区）：该景区位于整个蜀冈—瘦西湖景区的高点上，面积约 3.54 平方公里。整个景区就是一个古老的文物遗迹场，它是吴王夫差开邗沟时筑的邗城，后为汉广陵城、唐衙城、宋宝佑城

蜀冈—瘦西湖景区生态因子与评估表　　表 1

生态环境	指标（等级/标准）	评价标准	现象序列 一		二		三		四		五		土地利用价值 C	P	A	R	I
地理资源	坡度	倾斜率 低→高	ⅣⅤ	2.5%～0%	Ⅲ	5%～2.5%		10%～5%	Ⅱ	25%～10%	Ⅰ	25%			○	○	○
	土壤排水	地下水位高低表示的渗透性		极好	ⅡⅢ	较好	Ⅳ	较差	Ⅰ	差	Ⅴ	没有	○			●	●
	基础条件	压强和稳定性 大→小		由砾质土至石质土至砂壤土		砾质砂或粉砂壤土	ⅠⅡ	1. 砂壤土 2. 粘土、亚粘土	ⅢⅣⅤ	细砂、粉砂壤土（细砂质亚粘土）		1. 冲积层 2. 沼泽泥炭 3. 湖沼地			○	○	○
土地利用	有风景价值的地貌	独特性 突出→一般	ⅠⅡ	蜿蜒的山丘	Ⅳ	独立的山丘	Ⅲ	河道		干涸的河塘	Ⅴ	无差别和特点	○	○	●	●	●
	现有的潜在娱乐游憩资源	可利用程度 高→低	Ⅳ	现有的公共空地	ⅠⅡⅢ	未城市化的潜在的娱乐游憩地	Ⅴ	城市化的潜在的娱乐游憩地		空地（较低的活动能力）		城市化地区	○	○	○	○	
	有教学与历史价值的地貌	重要性→一般	ⅠⅡⅢⅤ	文物富有地区		少量文物地区	Ⅳ	缺少文物地区					○	○	●	●	
水文状况	污染情况	水质量高→低		高	Ⅳ	中	ⅠⅡ	较低	Ⅲ	低	Ⅴ	劣		○	○	○	
	水上活动	积极→消极	Ⅳ	大面积湖面	Ⅲ	宽阔水道	Ⅰ	其他池塘	ⅢⅤ	河流					○		
	水源状况	充沛→干涸		地表水源＋地下水		地表水源	ⅠⅣ	池塘	Ⅲ	淤塞	Ⅱ	无	○	○	○		
植被生态	植物类型	物种质量高→低	Ⅱ	常绿＋落叶混交林	ⅠⅡⅣ	草地与作物	Ⅴ	零星灌木		基岩与河滩		空地	○	○	●	●	●
	现有的生长环境	稀罕度 最少→一般	ⅠⅡ	与山丘有关地带	Ⅲ	与水体有关地带		树木	Ⅳ	陆地	Ⅴ	城市化地带	○	○	○	●	●

C：保护　P：消极松弛的娱乐游憩活动　A：积极紧张的娱乐游憩活动　R：居住建设　I：工业与商业建设

○　代表价值体系中土地利用的导向与现象序列一致　●　代表价值体系中土地利用的导向与现象序列相反

的遗迹。现城垣遗迹尚存，保护较好，目前是全国保存最完好的唐代城池之一，内部还有汉墓、宫殿遗址。由此看出，该区生态因子的4个子系统中，土地利用这个系统中的历史价值的景观和有价值的地貌被列为该区生态评估的主成分，决定了该景区以保护性消极游憩（人文景观参观）为主的开发方式。从所涉及的其他生态因子的状况可以看出：该景区坡度较大，内部排水不畅，景区内大量性建设的可能性不高，只能作少量重要景点的恢复工作及配套设施建设。该区土壤为较富饶的粘土性土质，因此种植条件较好，宜于发展花木及茶果生产基地。

Ⅱ区（蜀冈景区）：蜀冈景区是整个景区的重点部分之一，以其丰富的人文景观和多样性的自然条件而取胜，由蜀冈东、中、西三峰组成。通过对表中所列出的各项生态因子的分析可以看出蜀冈景区中4个子系统的多数指标均属良好：有价值的地貌、良好的排水、多样的自然与人文景观、种类数量众多的动植物，使该景区具有较佳的生态效应，因而也反映出其内在的适于人类多用途的社会价值。所欠缺的就是水源不畅，径流稀少。该区土地利用的方式主要是保护与游憩性质的。西峰突出的山林野趣式的自然风光是进行登山、野游、观赏和教学科研理想的场所；中、东峰有大量名胜古迹，所以属保护性利用的部分，除适当恢复景点及少量服务设施外，基本上应不作建设。应严格控制保护名胜区的视觉走廊，周边地带不宜建遮挡眺望镇江诸山视线走廊的构造物。

Ⅲ区（瘦西湖景区）：这是整个景区中最具特色最重要的部分。其生态环境的优劣直接影响整个景区质量的高低。瘦西湖景区生态系统的主脉络就是瘦西湖湖水。因此，评估的4个子系统中水文状况是分析的主成分，其它生态因子或多或少受其影响。瘦西湖水原是两山间冲出之涧水，常年无固定水源。由于是无源之水，严重影响瘦西湖稀释自净能力，再加上西线驻地单位水体的污染，因此使瘦西湖水体状况不佳，该项生态因子评估处于低等，严重影响景区的观赏价值，急待治理。水文状况不佳的情形多出现在天旱少雨的枯水季节，在雨量充沛季节，水文状况略为缓和，这时期的瘦西湖风光旖旎，生态环境状况改善。湖区范围内本无山，地势平坦，古人为收到湖光山色的效果，利用原有河道，因地制宜，局部整修水面轮廓，壅土堆山，形成小金山、白塔晴云景区，这种人工堆山造景所得的起伏丰富了景区视觉效果，如同自然地貌一样是具有生态价值而需加以保护的对象。该景区除沟塘两岸主要为淤质泥土外，其余地方土层主要为轻亚粘土和粉砂，渗水性好。因此要特别注意防止污水排入土壤，破坏土壤生态。瘦西湖景区范围大，景观因子多，其土地利用基本属于保护与消积游憩类，在安排游憩时要特别注意与大量人文景观的联系。

Ⅳ（笔架山风景区）：从土地开发潜力上看，该区属一级区。即在景区中，适宜开发的条件最佳。具体体现在地貌平整、坡度平缓，除笔架山双峰突出地面外，大部分坡度 $<2\%$，土层内土壤排水状况较好，但地基承载力不高，由轻亚粘土、粉砂、细砂为主的土层承载一般为 $16\sim22t/m^2$。现在该景区为宋夹城遗址所在，除了东部护城河遗址，大多为蔬菜和花木种植地，可以作为待开发的主要地带。建议景区可建成以植物造景为主的自然景观，大片平地可开发为大规模的以观赏花木为主兼具生产利用性的景区；利用笔架山起伏的地形成片造林，形成山林景观；增加积极紧张型的游憩活动，如野炊、游泳、划船、游乐场等。这里亦是建造部分居民点较理想的地点，沿护城河遗址可开发低密度的郊区别墅群。

Ⅴ（绿杨村风景区）：这是蜀冈—瘦西湖景区内特殊的部分。因为它楔入了城市内部，主要以文物古迹、风景园林和旅游服务设施等人文景观为主，少有大面积的自然风景。因此景区内的生态因子以土地利用和水文状况中的参数为主成分来评估。在绿化面积较小的情况下，可以通过特色树种的配置体现独特的景观风貌，如史公祠的梅花、冶春园两岸的垂柳、桃花、枫杨等，以此弥补自然风光的不足。

5. 景区审美评估

对景区美学的描述与评价，习惯上用定性的方法来表达，虽一定程度上反映出人们的视觉感受，但缺少自然与人关系的定量指标和相应的分析，这是不够全面和缺少科学性的。景区美感评价首先应以建立景观美感评价的指标系统为前提。由于构成景观美感的要素有自然的，也有人文的，所以采用双系列指标系统，将自然景观美感和人文景观美感的指标彼此分隔开。本文将探讨景观美感定量分析评估的方式"征询评分加权法"的实践过程：

（1）确定评估对象，收集与自然景观形成、发展密切相关因素的资料；（2）景观美感指标的选择。选取合理的有代表性的美感参数。为了使评价对象最后评定的美感等级具有统一性、可比性，可以将评估对象划分为2种类别：自然美区和较独立的人文景观（如庙宇），各自确定其美感参数（表2）；（3）确定美感参数的评分标准和数据整理。一般有两种情况：有监测数据和可进行数学统计的因子转成无量纲的计算分值，评分采用0～100分，值越高，美感质量亦高（表3），很难进行定量统计的美感参数，需将定性分析转换成分值（表4）。（4）确定参数标准后，向有关美学专家、景区工作人员、游客等征询评分，整理后采用公式 Ci = C2max + C2/2 得参数值（Cmax 为最高评分值，C为评分的算术平均值）。（5）美感参数权的重要性。通过统计，求出调查对象提出的初步权重的算术平均值，权重的重要程度，定为1～10，值越高，权重重要程度

瘦西湖景区景观美感双系列指标系统分析图　　表2

系　列	指　标
自然景观美感	地貌：形态、分布、现象
	水域：形态、分布、类型、水量
	植物：构成、分布（平面、立体）、群落、与地形和水域的融合程度
	伴人动物：数量、分布、类型
人文景观美感	建筑：总平面布局、群体构景、对景、借景、主体建筑造型与立面色彩、古建筑保护、意境与效果
	用地：各类用地比例、开阔程度、紧凑度
	园林：布局、园林建筑、假山怪石、水景、花墙洞门、桥、绿地、盆景艺术
	古迹：碑石、塑像、古墓、古城遗址、考古发掘
	胜地：故居、文物、风土人情
	环境：大气质量（降尘量、飘尘量、能见度、氧气含量、有害有毒成分)、水体质量（水质等级、清澈、透明度、色度、动态)，温湿度、环境安宁（噪声干扰)、整洁卫生（固体废物、公共卫生）

瘦西湖景区景观美感参数评分标准　　表3

安静状况	评分标准	评价区容纳最佳人数比	评分标准
35分贝以下	100	80—96%	100
35～45分贝	90以上	96—102%	90以上
45～50分贝	90～75	102～110%	90～80
50～55分贝	75～60	110～125%	80～60
55～70分贝	60～30	125～150%	60～40
70以上分贝	30～0	150以上	40～0

$$评价区容纳最佳人数比=\frac{高峰游览人数}{允许容纳游人数}$$

瘦西湖景区建筑色彩参数的美感评分标准　　表4

建筑色彩	评分标准	意境和效果	评分标准
明快、协调、富有艺术性	100～90	有特色、引人入胜、留连忘返	100～90
二项强一项弱（上述三项）	90～80	颇有特色、观瞻丰富、艺术感强	90～80
二项强一项差	80～70	有特色、观赏好	80～70
一项强二项差	70～50	可供观赏、一般化	70～50
三项皆差	50～0	单调、无感染力	50～20
		无欣赏价值	20～0

瘦西湖景区美感参数权重值分析表　　表5

美感质量参数	调查对象提出的权重平均值	美感评价人员意见	二项平均值	最后权系数 gi
建筑总平面布局	8	9	8.5	0.22
主体建筑造型和立面	8.5	8	8.25	0.22
建筑色彩	6	5	5.5	0.14
古建筑保护	7.5	7	7.25	0.19
意境和效果	9	9	9	0.23

越高。同时，参与美感评价的工作人员也提出各参数权重值，取二者平均值，经整理后得最后权系数 gi，gi =（二项平均值/二项平均值之和）（表5），环境美感评价的最终值可用下式计算 $My = \Sigma Cig$ $i = C1g1 + C2g2 + C3g3 \cdots\cdots Cngn$。（C1，C2，C3……Cn。为每项美感参数值，g1，g2……gn 为每项美感参数的权系数）（表6）。(6) 由于美感参数量多，每一项都列表分析则篇幅不容，文章提出几项参数评分作为标准以供参考，并提供经计算后得出的蜀冈—瘦西湖景区美感评分结果：

$My1 = 79$　　　　$My2 = 90$

（My1 为自然美感值，My2 为人文景观美感值）

瘦西湖景区景观美感等级划分表

表 6

级别	美感效果	My 值
Ⅰ	很美	100～90 分
Ⅱ	美	90～75 分
Ⅲ	一般	75～60 分
Ⅳ	差	60～40 分
Ⅴ	很差	40 分以下

6. 适宜的用地区划

景观环境的研究开始揭示出不同脆弱性地区或地带的生态重要性。对每一片地区提出了适合和与不适合的用途。一些具风景特征的地带作为自然保护区或开放空间的框架，全部进行“保全”，如景区内丘陵、河塘及具历史价值的人文景观。除了观看用的步行道或平台，其他现状条件，都不应因人的存在或建设活动而作任何重大方式的改变。其他不太敏感或不太肥沃的地区，适于有限制的利用，将这些保护区内的地表径流、丛林及其他特征等具价值的东西，进行保护和保存。在这些地区以内及其周围，都将仔细布置娱乐区和人活动的道路。这些“保护区”将按限定的用途进行组织，并作为“开发区”与“保全区”之间的缓冲地带。指定的“开发区”是在自然地形和植被重要性都很小的地区。通过平整土地可以自由作为建设用地。根据这样原则，可以对蜀冈—瘦西湖景区内五个单元的用地进行适宜性区划（图2）。

7. 景区生态综合评估结果

蜀冈—瘦西湖景区目前总体生态环境较佳。主要体现在：有优良的立地条件，

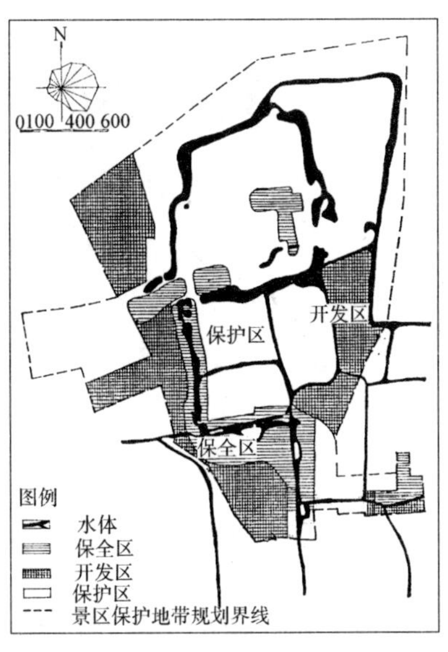

图2　蜀冈—瘦西湖景区用地适宜性区划图

大多数地区土壤排水性较好；多样化的地形地貌提供了多种利用价值；自然风光和人文景观皆具很高的观赏价值和研究价值；名胜古迹保存较好；绿化有一定基础；大气、噪声等生态质量指标符合国家标准。但景区依然存在着不少问题，主要归结为以下几点：一是瘦西湖水源受阻，水系遭污染，水体生态状况不佳，制约景区开发，这是目前急待解决的问题；二是驻地单位侵占景区土地问题；三为景区内及周边部分建筑的布局、体量、色彩、形式与景区不相协调；四是忽视植物造景，存在着“绿肥红瘦”的现象；五是土地利用不够充分，有不少荒岭荒地，有待开发；六是景区内过境交通与旅游路线交叉的问题；七是景区栖息鸟类数量急剧减少。

（本文在写作过程中曾得到刘先觉教授的悉心指导，特此致谢）

参考文献

1. [美] I.L. 麦克哈格．设计结合自然．芮经纬译．中国建筑工业出版社，1992
2. 董雅文编著．城市景观生态．商务印书馆，1993
3. 扬州市城市总体规划（1995～2010年）送审稿
4. 江苏省风景名胜区管理条例（1988年通过）
5. J.T.Lyle: Design for Human Ecosystem, 1982, St. Martin's Press, Los Angeles

汪晓茜，东南大学建筑系讲师．博士研究生

持续的地区性

——东南大学建筑研究所设计实践中的地区主义探索

张　彤

东南大学建筑研究所成立于1979年。这是一个意义非凡的年份。国家由封闭、僵死、内乱开始走向开放和发展，社会的整体目标从意识形态的斗争转向提高社会生产力和人民的生活水平。富裕不再是危险和灾祸的代名词，而是受到政府鼓励的合理的个人目标。虽然这个转变本身仍然是艰难的，然而它是又一次真正的解放，其对历史发展的推动作用决不亚于30年前的那一次。与此同时，建筑设计也面临着前所未有的巨大市场和迅速变化的需求，在“实用”、“坚固”基础之上的“美观”不再是可有可无的点缀，意义和价值成为每一个普通建筑追求的目标。

然而转变毕竟是痛苦和动荡的。长期以来，由于众所周知的原因，建筑理论和实践处于严重的封闭和排外状态，建筑学的目标和意义变得十分模糊和黯淡，建筑学专业甚至在很多大学的学科调整中被删除。在这样的情况下，面对突然扩大的社会需求，建筑学本身缺乏知识、人员和技术心理的准备。开放国门，搞活思想，国外五花八门的风格思潮纷纷涌入，我们还没来得及真正理解现代建筑，就已经满耳是后现代主义嘈杂的批评和玩世不恭的嘲讽。一时间，不在立面上搞一些传统符号似乎就会被潮流抛得更远。几年以后，解构主义的出现更使我们手忙脚乱，不知所措。中国的当代建筑始终缺乏理性的分析、批判的精神与建立在对社会状况的切实认识和深入理解基础上的严肃的社会责任感。此外，改革引发了社会政治、经济和文化的转变，人们的心理状态、意识观念和价值判断急速变化，加之陌生的市场经济体制的冲击，使得社会的价值体系处于混乱和失衡的状态，本来就十分幼稚的建筑理论和设计思想在功利性目标的驱使下更显浮躁和短视。在各种快速设计手段的支持下，设计师们拼装出滑稽的组合，满足业主的猎奇心理和商业性的炫耀。这是一个令人激动的变革时代，却也是空前困惑和混乱的时代。在这样的环境中，一种追求长久价值创造的、持续而沉着的声音尤其显出卓越和可贵。

从1979年至今，建筑研究所在杨廷宝院士和齐康院士两任所长的带领下，以求真务实的态度，进行着执着而富有价值的探索。在20年的建筑实践中，对建筑地区性的关注和着意的地区主义追求一直是贯穿建筑思想和设计理念的主要线索之一。

建筑的地区性是指建筑与其所在地区的自然生态、文化传统、经济形态和社会结构之间的特定关联。建筑从其产生之日起，就与确定的地点产生了不可割裂的质的联系，地区性是建筑的本体属性之一。在漫长的建筑历史中，地区的社会和自然条件对建筑的发展、风格的演变起着深刻的影响甚至决定性的作用。正是地区性，塑造了世界各地灿烂丰富、各具特点的建筑文化。进入近代社会以后，科技的发展和工业化进程使人类的生产和生活能力获得了巨大的解放，人的存在不再受制于有限的地域环境。20世纪全球性的技术进步和信息产业的飞速发展，更是消融了时间和空间上的地区概念。与全球化过程相对应，现代建筑的国际风格在各地蔓延，加剧了包括地区自然生态失衡、地域文化消逝以及场所感和归属感的沦丧等一系列危机。在这样的情境下，人们重新关注建筑的地区性和地区主义的设计思想，自觉寻求现代建筑的当代发展与地区的自然环境、文化传统的特殊性以及技术和艺术上的地方智慧的结合。遵循地区生态机制，体现文化传统的真实延续，在社会心理上取得普遍的认同感和归属感，从而创造一种在自然生态和社会生态上均实现可持续发展的人居环境。

“创作者应充分关注此时、此地、此情和彼时、彼地、彼情之间的差异。”① 齐康教授的话道出了地区建筑学的真谛。充分研究和理解建筑所在地方的自然生态和社会生态，使设计作品真正适应地区的需求和条件，是建筑研究所创作一贯遵循的宗旨。从持续十几年的武夷山实践到新近落成的河南博物馆，时、地、情的彼此差异构成了每一个设计不同的意义框架，建筑研究所的地区主义实践呈现出多元化的丰富色彩。依照区域条件的不同和设计思想的发展，我们将其大致分成三种类型：乡土风格的延续和发展、城市文脉的创造性继承和整体地区风格的综合表现。

一、乡土风格的延续和发展

乡土风格，是指在一定的地区范围内通过长期自发的民间实践所形成的具有特征性的建筑观念和建筑技艺的总和。乡土建筑与地区的自然和社会条件有着朴素而率直的联系，它们是一个地区自然生态、文化环境、人们的情感、欲望和理想的物化反应。与风格化的建筑不同，乡土建筑缺少理论和美学的要求，它们重视个体之间的关系以及获取这种关系的方法，而不刻意突出个体自身的特征。在乡土建筑中，美不为某个特定建筑所单独拥有，它是一种传统，为人们的接受，在世代间传承。

在建筑研究所的设计作品中，很多是处于具有浓郁乡土氛围的地区环境之中。尊重地区传统，研究和挖掘乡土建筑中的精萃，使其在新结构中得以延续和发展，是这些成功作品设计中的重要原则。

1. 武夷山风景区的建筑实践，1979～1992年

武夷山风景区位于闽北，属横亘闽赣边界的武夷山脉的一部分。特殊的造山运动形成了山体发达的垂直节理，奇峰突兀，峰回溪转。加之岩层的挤压产生特征性的倾斜折皱。武夷山风景区具有独特的自然地理特质和风景品性（图1）。南唐以后，这里成为我国南方的道教活动中心；宋朝理学家朱熹也曾在此聚徒讲学，

图1 武夷山大王峰杨廷宝速写 1979年

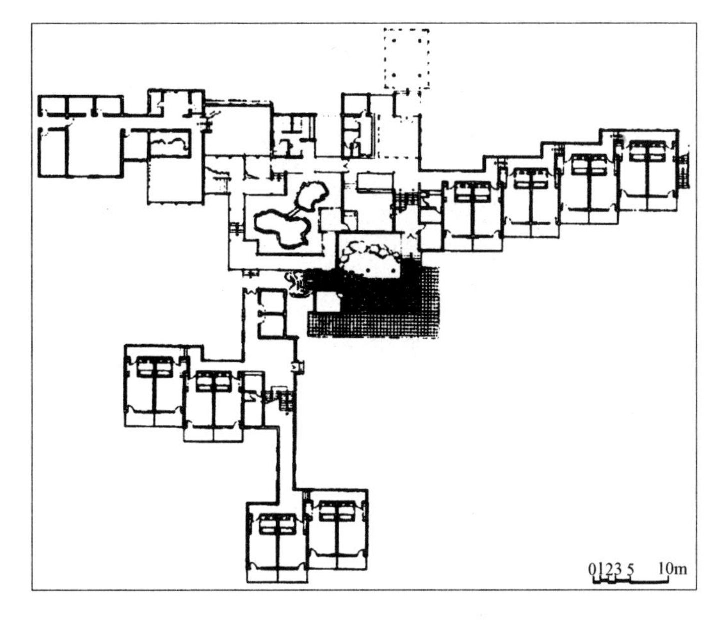

图2 武夷山庄平面

故而武夷山又有“道南理窟”之称。

建筑研究所的武夷山实践开始于1979年。杨廷宝教授在考察武夷山时对即将开始的风景区建设提出了一些建设性的意见，其中包括后来形成“武夷风格”的重要原则，如“宜低不宜高，宜散不宜聚，宜土不宜洋”、“借鉴民居手法、选用地方材料、与武夷山的风景特质相融合等等。在从武夷山回崇安的路上，杨老看到当地具有浓郁地方色彩的民居时说道：“风景区的建筑，不妨多采用一些民居的手法，也能做出好的作品，通过创造就会产生一种独特风格。有时，没有建筑师还好些！各地的风景建筑不能全一个样，不要相互抄袭，抄袭就没有特色。设计人员要从民居的优秀部分吸取营养，取其精

华、弃其糟粕。民间有许多能工巧匠，他们也是建筑师。风景区的古迹更要保护好、修缮好。风景区的建筑是艺术品，不能单纯用指标、平方米作依据，也不能单靠丁字尺、三角板，而是要结合实地环境、地形和地貌来进行设计。”②

图3 九曲宾馆立面构思草图 齐康绘

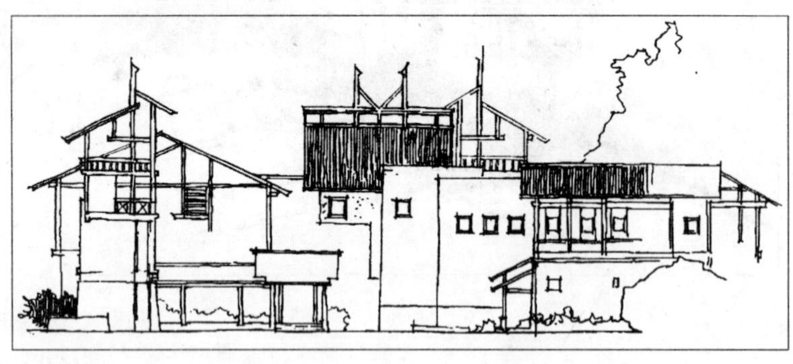

图4 崖畔峭壁中的济公佛院

图5 净月潭风景区观景塔楼设计草图 齐康绘

图6 建造中的观景塔楼

在武夷山风景区的第一批设计作品包括：武夷宫景区的环境设计、大王亭、天心路亭、幔亭山房以及星村码头、云窝茶室等。这些建筑体现了杨老对武夷山风景区建筑风格的整体设想，充分吸取了当地乡土民居的做法，以5分水的小青瓦屋面结合露明的穿斗构架、片石或白粉墙面以及挑廊和垂莲柱，加之卵石、红砂石、竹、木等地方材料的应用，整组建筑清新朴素，与当地的山水风景和风土环境有机融合，初步奠定了后来得到广泛认同的“武夷风格”。

1983年完成的武夷山庄是武夷山风景区建筑实践中的代表作品。

整组建筑背靠气势雄阔的大王峰，其空间组合完美地顺应了场地的地形特征。将入口和主要的公共空间布置于坡地的高处，客房和餐厅顺依地势向三面延伸。二期工程的较大体量位于餐厅以西，被一期工程尺度宜人的形体所遮掩，取得良好的视觉效果（图2）。

建筑的造型仍然沿用前期实践中总结出的乡土元素：平缓的小青瓦屋面、露明的穿斗构架、带垂莲柱的挑廊、片石墙裙、白粉墙等，形式的处理和造型技巧更趋成熟（见彩页）。

武夷山庄的细部设计大多采用地方材料，如竹、石等。家俱灯饰用当地的黄竹、毛竹编制，壁炉以卵石砌筑，庭院中的石凳、石桌多利用天然山石略加凿刻而成，野趣别致之中显示出浓郁的乡土风味。此外，建筑装饰中运用了一些体现当地古越文化色彩的图案，更使这组风景建筑与地区的历史文化产生内质的关联。

武夷山庄的成功标志着“武夷风格”的正式确立。在当时全国各地大批兴建高层高档次旅游宾馆的风潮中，这无疑是一股清新宜人的自然之风。这个总造价（一期）仅210万的建筑因而也在80年代产生了广泛的影响。

与武夷山庄同时期的设计作品还有武夷宫商业街、碧丹酒家、彭祖山房等。稍后的玉女山庄设计，从福建山区另一种神奇的住居形式——客家土楼中获取灵感，以圆形和半圆形作为形体和空间创作的母题。其构件的运用和细部设计更为灵活丰富，当是“武夷风格”的一种发展。

继武夷山庄和玉女山庄之后，武夷山

实践中最重要的作品是九曲宾馆。这组位于武夷精舍遗址之上的建筑完成于1992年，在继承“武夷风格”之外，表现了建筑师对武夷山自然风景的感悟和构件组合的想象力。齐康教授在回忆九曲宾馆设计的文字中这样写道：“应当说在设计风景区的旅游宾馆时除了求得地方建筑的和谐创新，我更追求的是建筑的自然野趣。提到野趣，在世界上莫过于大自然的真实，真实是人类真正感受的美的境界。”③九曲宾馆形体设计中的野趣集中表现在室外楼梯塔楼以及屋顶的构架中。受树林中枝桠构成的自然形态的启发，这些木质构架自由穿插、有机组合，创造了丰富的形体景观，展现了建筑师在造型方面的娴熟技巧。它们也是古老的山地木构传统在新技术条件下的创造性发展（图3）。

从1979年杨廷宝教授第一次踏上武夷山的山路到1992年九曲宾馆的落成，建筑研究所的武夷山实践持续了13年。在深入研究、充分理解当地自然风景特质和乡土建筑传统的基础上探索形成的“武夷风格”，不仅塑造了一系列成功的建筑作品，而且为当地群众普遍认同。武夷山庄建成之后，当地村镇中老百姓自己修建的很多小型旅游宾馆都自觉不自觉地模仿它的风格。一种与地区的自然和社会生态切实融合的新乡土风格，生长于地方的土壤之上，获得了持续而真实的生命力。

武夷山实践堪称中国地区建筑学探索的典范。

2. 天台赤城山济公佛院，1987年

济公佛院位于浙江天台赤城山的半山腰上。这座邻近天台县城的梯形山陵，其顶部苍松茂盛，陡峭的山腰却草木稀疏，裸露着呈横斜肌理的褐红色岩石。山腰中段的瑞霞洞相传为济公显圣处。当地群众为了纪念这位言行不羁、扶贫济世的传奇颠僧，集资修建济公佛院，选址即位于瑞霞洞及毗邻的香云洞所在的陡峻山崖之上。

面对这极富挑战性的场地环境，济公佛院的设计打破了寺院常规的轴线对称格局，依照山岩的形势和肌理，围绕两个天然洞厅，前后山门、茶室、接待、敞厅、小卖、游廊等建筑空间高低穿插，开阖自如、灵活组合。空间序列宛若济公颠疯的步履，貌似闲散随意，实则错落有序。更为精采的是，整组建筑的造型不求整饬、别具一格。从武夷山庄发展出来的乡土建筑语法在这里得到了淋漓尽致的自如发挥。略带夸张的屋面搭接自由，穿斗构架穿插自如，石砌的墙体和台座在不同的标高上参差错落，围合出流动有序的空间。虽然建筑的造型有暗喻济公浪野不羁性格的用意，然而整组建筑疏落有致，挥洒自如，“镶嵌”于山岩的肌理之中，表现出岩石隐含的精神，与山体环境共同构成了一个极具感染力的场所（图4）。

依就场地的地势错落，运用地方材料，这个面积200m²、建设费用仅20万元的小建筑，为我们建构了一个山地的神话。

3. 长春净月潭风景区的规划和设计，1997年至今

净风潭风景区位于长春市东南郊，长白山脉与东北平原交接的丘陵地带。与武夷山、天台山驳杂多变的风景特质不同，这个186km²的风景区，景色单纯，尺度浩大。主要由东北红松和落叶松组成的单质浩瀚的松林环绕着开阔的湖面，构成一派林海茫茫的北国风光。

在净月潭的工作包括前区的详细规划、大门、入口中心广场、服务中心、假日森林小屋、茶室及景区标志性塔楼的设计。

整个净月潭风景区的建筑设计突出森林的特质。主入口门屋的设计取自“森林木屋”的原型，采用大面积石板瓦的斜坡屋面，结合粗拙的仿木构架和圆木墙面，透露出原始质朴的森林气息。

位于净月潭前区制高点的观景塔楼是整个景区的标志性建筑。建筑师凭借对地域风景品性的敏感和领悟，以集簇高耸的形态来契合森林的韵律。不同标高的坡屋面层层错叠，加之檐下的斜撑，整座塔楼有如冠盖层叠的松树。竖向条形玻璃、参差的构架把单纯的体量支离成错落有致的竖直形体的集簇，更加突出了体量的挺拔和高耸。观景塔楼目前正在施工之中，完成以后将成为净月潭风景区第一阶段建筑实践的标志性成果（图5，图6）。

二、城市文脉的创造性继承

与原生的大自然和村镇的乡土环境不同，具有一定历史的城市建成环境，浓缩了地区的历史、文化和社会特征，积淀了

图 7　梅园新村纪念馆

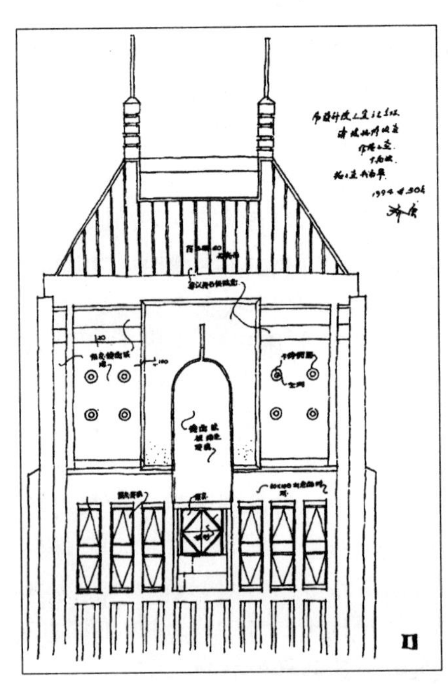

图 8　鼓楼邮政大楼顶部设计草图
齐康绘

居民的情感和记忆，其形态结构中存在着较强的肌理和秩序。一些优秀的城市地段在地区社会心理中产生了普遍的认同感和亲和性，它们是代表地区文化的特征性场所。

相应地，在城市地段中的设计也有着同乡村环境中不同的目标、过程和方法。尊重地段特征和城市肌理，表现历史信息和文化记忆，在新的社会环境中创造性地继承城市文脉成为建筑创作的原则。齐康教授曾经用外科手术来比喻城市环境的更新和改造，他认为：“优秀的城市设计和建筑设计，应该像高明的医生做过的外科手术一样，切去坏死部分以后痊愈的肌肤同原来部分完美、贴切地生长在一起，没有疤结，没有痕迹。”

1. 南京梅园新村纪念馆，1988 ~ 1990 年

梅园新村位于旧时总统府附近，是一片由 30 ~ 40 年代建成的公寓式洋楼组成的西式住宅区。这些二、三层的公寓楼，墙面用青砖清水砌筑，另有工艺细致的灰白色斩假石条带和装饰，屋面多为黑色机瓦铺盖的坡屋顶。整个街区朴素亲切，尺度宜人，具有显著的近代特征。

1946 年 5 月至 1947 年 3 月，以周恩来同志为首的中国共产党代表团，在南京与国民党政府进行和平谈判期间，住在梅园新村。

梅园新村纪念馆坐落在街区两条主要道路的丁字交口边。从整体布局到材质选择和细部处理，纪念馆的设计都始终以“建筑环境的和谐，历史环境的再现”为原则。

建筑的体块布置以恢复场地上原有的两幢住宅为基本出发点，高度控制在 12m 以下，使得新建筑介入以后，整个街区仍能保持原初的和谐氛围。建筑的墙面用青灰色的面砖贴面，面砖的色彩、规格和贴法都与环境中的清水砖墙相同。砖墙面之间同样是灰白色的斩假石条带，点缀着精致、适度的梅花和马蹄莲装饰。与环境中的建筑一样，纪念馆的屋顶也采用黑色机瓦的坡屋面，掩映在法国梧桐的枝叶之中。

纪念馆的展览空间围绕着一个入口庭园的一个室内中庭展开。两个各具主题的中心空间比例宜人，尺度亲切，内外之间相互渗透，共同组织起观展的流线。在入口庭园的正中，周恩来的铜像从容步出以当年梅园新村 30 号大门为原型作负形反转的门框，点出了整组建筑的主题（图 7）。

梅园新村纪念馆以保存地段的整体特性和历史氛围作为设计的基点，不张扬，不喧闹，在悄然融入地段环境之中显示雅实的品质。

2. 南京鼓楼邮政大楼，1992 ~ 1997 年

鼓楼是南京城市中心具有重要历史文化价值的地段。明洪武年间在此修建规模宏大的钟楼和鼓楼。当时各城门、里门的启闭以及皇室、官府的重大活动都受钟鼓报时的控制，史料中记载有“晨钟暮鼓”的都城景观。历经 600 年的沧桑，钟楼虽已倒塌，鼓楼仍屹立在广场西侧的山岗上。

在现代南京的城市骨架中，鼓楼广场是最重要的交通枢纽之一。五条主要的城市道路在此交汇，车水马龙，川流不息。近年来，又在鼓楼广场的东侧开辟了规模较大的市民广场，鼓楼复杂的地段功能中又增添了市民活动的内容。

鼓楼邮政大楼位于鼓楼广场的东南角，与广场另一侧的鼓楼遥相对应。建筑设计立足城市文脉的延续和再创造，分析、提炼和升华地段的特征性形式元素，将其融于创作之中。从鼓楼特定的地理文化环境出发，方案构思围绕“钟鼓”的主题，主楼顶部在造型、比例和符号意义上都隐喻了“钟”的意象，四面拱形门框之中大胆使用的红色镀膜玻璃，更加突出了这一主题，在色彩和形式上拉近了广场对面的鼓楼。“钟”的主题在裙房的设计中又一次出现，在近人的尺度上重复和加强着建筑的意义（图8）。

由于鼓楼广场较为开阔，其功能以交通为主，四周界面的围合性并不强。因而邮政大楼的主体量设计不是以围合室外空间为主要出发点，而是把建筑放在更大范围的城市环境中，确定体形的标志性。设计中通过计算机模拟，在交汇于鼓楼的各条道路上对大楼的视觉效果进行动态分析，推敲其方位、高度、体量和比例。建成以后，这座总高度超过100m，比例修长、造型独特的塔楼，不仅成为鼓楼地段的标志建筑，而且在更大范围的城市空间中起着控制性的作用（见彩图）。

3. 南京大钟亭综合服务楼，1995～1997年

同样是在鼓楼地段，与鼓楼同时修建的钟楼在清康熙年间倒塌，留存的一口铸于明洪武二十一年的铜钟被挂在鼓楼广场东北侧的大钟亭中，围绕着这个钟亭近年来修复了一处主要由传统园林建筑构成的市民公园，是鼓楼地区较早的市民活动场所。

1995年拿到的委托项目是要在大钟亭公园以北紧邻大钟亭（最近处距离钟亭翼角仅23m）的狭小地块上设计一座商业性服务楼。地段的历史文化内涵和紧靠的传统园林环境，构成了场地复合性格的一个方面；面临中央路的优越位置，又赋予了这块狭小用地很高的商业开发价值。大钟亭综合服务楼的设计正是“在传统历史文化与现代价值取向所构成的坐标系中，寻找适合此时此地的、清晰实在的一个点。”④

从整体环境着眼，经多方案比较，建筑的平面形式最终选定为L型。这不但契合了场地不规则的“刀把”形状，还可在大钟亭公园的标高上⑤形成一个南向的环抱空间，以烘托大钟亭的主角地位。充当这个环抱空间界面的主体建筑高度控制在14.5m（大钟亭宝顶高度21.2m），檐口通长平直，立面也以三层外廊及其栏杆表现舒展的横向线条，强调其作为背景的平展感。同时，外廊的出现增添了一个模糊的空间层次，软化和丰富了建筑与环境的

图9 大钟亭综合服务楼与大钟亭公园整体环境分析

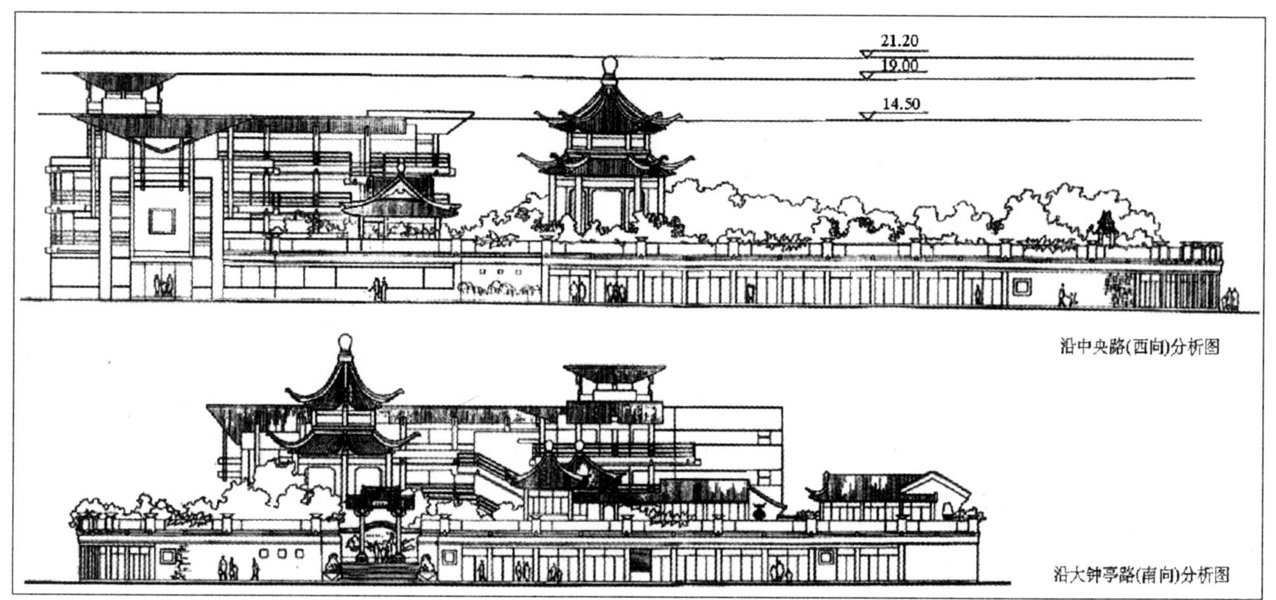

界面，加强了二者的彼此渗透和交流（图9）。

大钟亭综合服务楼的屋顶是突出表现该建筑复杂性格的重点部位。建筑师没有简单地抄搬传统形式，而是以一个向西伸展的不妥协的通长三角锥体完成了屋顶的构成。这个深灰色合金铝板饰面的特别形体，穿插于建筑体量之中，在南、北两面，以平缓上斜的底面向外挑出，并延伸至建筑的东南翼，在南向广场的周边界面上形成一圈统一的檐口。其轻盈的形式、深远的出挑以及与外廊柱共同形成的阴影，含蓄地表现着传统建筑丰富的檐下韵律，并借此在深层意义上与场所的传统特质进行对话。与此同时，在面向中央路的西面，锥体的端部被向前拉出，从西立面出挑4m。在有限的沿街面上制造了一个适度的兴奋点，突出了商业建筑的个性化表达（图10）。

界面是建筑内与外的相遇处。在外廊的阴影下面，建筑师对退后的立面作了认真的研究。整个建筑的外墙基本选用天然真石漆喷涂，色彩以牙白色和栗色为主。这是从园林建筑木构粉墙组成的色彩体系中直接汲取出来的。两种色彩的平面构成参照传统木构建筑的形式逻辑，在牙白色为主墙面上组合栗色的装饰带，隐喻传统木构建筑中粉墙与露明梁枋及门窗格扇的优雅组合（见彩图）。

4.传统街区的更新与改造:苏州干将路和常州延陵路

对城市文脉的创造性继承还体现在城市街区的整体更新与改造上。我国经济正处于高速增长的时期，迅猛的城市化进程对旧有的城市结构形成了很大的冲击。旧城区的更新和改造是很多城市面临的首要问题。特别是在传统的历史文化名城中，现代化与保护城市文脉特征的矛盾显得尤为突出和尖锐。针对旧城改造的问题，齐康教授曾说：“什么叫更新，更新是创造美好环境，有效益、效能的氛围，现代化要与地区文化联系在一起。更新是创造富有情感色彩的新的地区文化，它在历史的基础上孕育新的时代。”⑥

干将路是苏州古城中段东西向的一条传统街道。1993年当地政府决定将干将路拓宽为宽50m的快速干道，贯穿整个城区，连接分别位于苏州城东、西两边的新加坡工业园区和苏州新区。这是一个迅速而果断的决定，是解决当时苏州城内机动车交通问题的最迅捷和廉价的方案，但是它决不应该是唯一的方案。超尺度的快速干道拦腰切断了古城尚存完整的整体结构，对城市的空间尺度和形态品质造成了无可换回的破坏。在这样的情况下，齐康教授受聘控制干将路沿线以及整个苏州旧城的城市设计和建筑风格。他顶住了来自各方面的巨大压力，对干将路沿线每一个地块的方案设计都严格把关，亲笔修改，并带动建筑研究所在重点地块设计样板建筑。根据专家组的意见，齐康教授确定的一些基本原则，如建筑高度严格控制在24m以下、采用坡屋面、以白色和浅灰色为建筑的主色调、限用玻璃幕墙、在传统基础上立足创新、争取扩大绿地、注重沿

图10 大钟亭综合服务楼沿中央路视景

图11 天宁寺至舣舟亭街区鸟瞰图

路城市小品的设计等，基本得到了贯彻。经过6年的艰苦工作，干将路沿线的建筑风格得到了有效的控制，形成了相对统一的秩序。粉墙坡顶、轻盈朴素的建筑风格与苏州传统民居一脉相承，得到了各界的广泛认同，被称作“新苏州风格”，在当地迅速推广开来。

如果干将路的工作是修补性的，那么常州延陵东路天宁寺至舣舟亭地段的城市设计则是积极和主动的。

延陵东路位于常州市东南部，全长2100m，紧依京杭运河。在0.5km²的区域内集中了常州古城众多重要的名胜古迹，如天宁寺、文笔塔、舣舟亭和乾隆御笔碑等。1999年初，借助延陵东路拓宽工程的契机，该地段作为常州重点历史文化街区的更新改造也全面启动。

建筑研究所的规划设计以“三点一线”为整体框架，即天宁寺、文笔塔和舣舟亭作为重要节点，延陵东路和古运河作为贯穿规划区域的主线。深入挖掘重点名胜古迹的历史文化价值，在区段的整体设计中给予突出的表现。设计将天宁寺和文笔塔两个现状中彼此隔绝的重点景观联系起来，在二者之间布置主要为二、三层的旅游商住混合区，以传统的街巷空间、地区性的建筑风格和商业旅游的功能将天宁寺和文笔塔组合成为一个有机的整体。同时，打通文笔塔与延陵路之间的视觉通道，以一个收放有序的市民广场形成延陵东路中段的空间高潮，文笔塔的轴线穿过市民广场、延陵路及市河上的桥梁延伸至河南岸，强化了这组空间在城市结构中的地位。

在建筑高度上，天宁寺至舣舟亭街区以二、三层为主，东、西两侧可以逐步升高，形成鞍形的轮廓线，突出历史建筑的控制性体量。

对于延陵路两侧的住宅街区，建筑师借鉴地方民居的街巷组织和多进院落的空间形态，设计了院落式的低层高密度现代街坊。形体处理上继承粉墙黛瓦、坡顶山墙的民居风格，结合宜人的空间尺度、典雅的外部空间设计和多层次的绿化，尝试创造一种“新常州风格”。对于体量较大的商业建筑，采用化整为零的原则，减小尺度，以小体量的灵活组合创造同样轻盈活泼的建筑形象。

天宁寺至舣舟亭街区的设计和建设，尝试建筑师、管理部门和开发商共同参与协调运作的机制，虽然设计工作才刚起步，它有望在城市历史地段的更新改造中作出一点建设性的突破（图11）。

三、整体地区风格的综合表现

建筑地区性的含义是多样、复杂和层级性的，在不同的情境和框架背景中具有不同的意义。在自然环境中，它可能是对气候、地形或是风景特质的反映；在乡土社会里它表现为对习俗、传统的理解和继承；在城市结构中，它又是对文脉肌理、地段特征的昭示和发展。一些城市、地区乃至国家，由于自然的、历史的或是习俗的缘故，其社会文化的各个方面综合地表现出某种突出的特征。当一个特殊的建筑在一定的特殊环境中成功地表现出这种特征时，它便成为地区的象征。综合表现地区整体风格的设计要求建筑师对地区社会的各个方面有广泛和深入的了解，在此基础上，归纳提炼出来一种形体语言和空间模型，在表象、气质和内在精神上凝聚地域特质，具有象征性和标志性，在建筑与地区环境的融合中，构成富含特质的整合的场所。

1. 河南博物馆，1992～1997年

黄河流域是中华文明的摇篮。悠远的历史时空、深厚的文化底蕴、壮阔的自然风景构成了中原地区雄浑大气的地域气质。集中展现中原文化的河南博物馆是这种历史性地域气质在新时代中的结晶。

设计之初，建筑师对河南省的历史建筑、文化遗存作了广泛的调研。包括登封的观象台、嵩岳寺塔、龙门石窟以及出土的青铜器、明器等都给了设计师以极大的震憾和强烈的感染。

经过多轮的探讨，主体的形态最终确定为金字塔形。这种单纯的强有力的完形在人类历史上曾多次出现用以象征强大的力量和永恒的秩序。在这里它也是“中原之气”的最佳物态表现。金字塔顶端的斗形，给了这个完形一个开放有力的结束，反映出中原地区承启天象、继往开来的时代精神（图12）。

这个总建筑面积近79,000m² 的博物馆，整体布局以金字塔形的主馆为中心，呈稳定的中轴对称格局，将各种功能相对集中地布置在各个单体建筑中，以一种古老的宇宙图式来契合现代博物馆复杂多样

图 12　河南博物馆

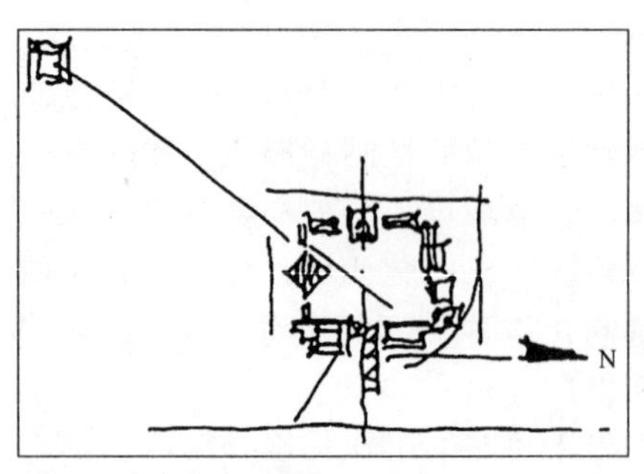

图 13　金上京历史博物馆总平面草图　齐康绘

图 14　金上京历史博物馆入口和主厅

图 15　镇海口海防历史纪念馆西南视景

的功能要求。在单纯大器的形体之下，河南博物馆的细部和室内设计也始终贯彻表现地域文化特质的宗旨。在金字塔的巨大斜面上，每隔 3 米出挑梁头承接预制板，建筑师用不锈钢的半球套住梁头，形成一排排恰似青铜器凸钉的装饰细部；室内的光线控制，从入口经序厅到中央大厅由明亮到幽暗，渲染出地域历史的悠远和深邃；中央大厅的主题雕塑从“豫”字中获得启示，取意“开天辟地”，具有强烈的地域性暗示；馆内的立柱、天棚、门扇等造型都有取自斗栱、雀替乃至文物器皿的意匠，在现代的技术手段下适当抽象变形，体现出深层次的文化认同。

河南博物馆集结了地域的精神，浓缩了地域的气质，在历史与现在之间架构起非凡的桥梁。它是一座地域的纪念碑。

2. 阿城金上京历史博物馆，1997 ~ 1998 年

金上京历史博物馆位于哈尔滨市南郊的阿城。公元 1115 年，金太祖完颜阿骨打在此称帝，定国号为金。现仍留存有金上京会宁府遗址和金太祖的墓冢。

博物馆的设计以军旅营寨为概念原型，中央大厅、展室、报告厅及办公等建筑围绕一个中心庭院组织展开。院落的大门开向东方，这是金朝建城立寨的定制，同时与场地东侧的会宁府遗址取得空间上对应。在庭院的西南角，围合的建筑破开一个缺口，与 300m 外金太祖的墓冢建立视觉的联系。从墓冢引出的轴线斜插入院落中，成为一系列形体和空间变化的依据。别具匠心的总体布局将散置于场地中的历史遗迹结构起来，成为一个有序的空间整体，揭示和表现出地区潜在的历史内蕴（图 13）。

博物馆的建筑造型也突出 800 年前这个“马上国家”的戎马特性。一排森严的叉架突现出军寨的威武。进入庭院以后，整组建筑围绕耸立的主厅展开，这个控制性体量尤如一座中军大帐，其独特的形式中隐含着军帐、战盔、古墓等多重意象，显示出浓郁的塞外古国的地域特质（图 14）。

3. 镇海口海防历史纪念馆,1994~1997年

镇海,位于浙江省东端甬江出海口,蛟门虎距,重关天设,自古为两浙咽喉,兵家必争之地。

海防历史纪念馆的场地东临行将汇入东海的甬江,北靠招宝山。以此为中心不足$2km^2$的范围内,汇集了30余处古代海防构筑。有招宝山顶规模宏巨的威远城遗址,有以安远炮古为代表的炮台群以及月城、烽堠等遗迹。尤其值得一提的是招宝山西侧的后海塘,用青石夹层砌筑,气势雄浑,构造精确。其城塘合一的型制在我国沿海尚属孤例。这些石砌砖造的海防构筑厚重坚实,在形体上表现出强烈的封闭性和抵御感。虽然大多已残破不全,但是上百年沧桑岁月的洗染更使它们与江海山岳浑然一体,构成了地区独特的历史记忆和精神特质。这种特质蕴涵在甬江口招宝山周围的每一块土地上,它们是潜在的场所精神。

在建筑形体构成中,建筑师用一道长达60m,厚至1.5m的石质大墙,从北到南斜插入建筑形体中。在总体形象上,它顺延了招宝山的形势,将建筑拉入背后的山体。在面向公园开阔的西立面上,创造了一种超尺度的纪念性表现。"建筑由此从周围轻薄的功用性房屋中脱离出来,在精神上更接近于那些至少存留了上百年的海防构筑。"⑦ 大墙的造型上部竖直、下部倾斜,与后海塘的形式相吻合,强化了由建筑与地域环境共同构成的场所的结构关联(图15)。这一形式母题在建筑的南立面和东立面的各个独立形体中反复出现,是场所内在精神的形式集结。

在突出表现场地纪念特质的同时,海防历史纪念馆对环境体现出多方面的关照。在建筑的南面,建筑师用一道全长94m的回转坡道将观者引向二层入口。坡道的前段指向东方,于不断上升的行进中,把不远处的甬江拉入到观者的知觉环境中。在整肃的西立面大墙背后,四片强有力的石墙将纪念馆的东半部分隔成四个重复的单元,它们使东立面在性格和尺度上获得了与西立面迥异的表现,融入进街道的节奏之中。

这个建筑设计中另一项认真的探索是关于边界的。在这里,墙体已不再作为空间的结束与分离,它们是独立存在于场地中的、依照构成原理组织起来的具有特殊表现力的一系列实体。通过围合、分离、并置、断裂,它们构成了建筑主体,也生成了室内外空间。这些独立的墙体,其材质、色彩和构造是内外一致的,空间在它们之间流动、跳跃、滞停。在室内外的融合中,建筑的纪念性与地方的纪念性水乳交融,构成了一个根植于地域精神的整合的场所。

从探究乡土风格到遵循城市文脉,再到综合表现地区特征的整体场所的创造,东南大学建筑研究所的地区主义探索是持续、系统、不断深入的,对地区性的理解也逐渐完整和丰满。这种探索是前瞻的,它代表着经历了激烈的革命和狂热的推进之后,面对自然生态的危机、地区文化的磨蚀和人类心理的失衡,建筑学所重新确立的真实的方向;这种探索又是务实的,在我们这个人口众多、资源短缺、经济技术水平尚处低下的发展中国家,它尤其具有切实的现实意义。

这是一个剧烈变化着的时代,建筑设计中充斥着五花八门的形式游戏和虚浮的商业炒作。然而嘈杂终究会归于沉静,当理性和持续性重新主导思维,我们会更加清楚地认识到建筑研究所20年的地区主义实践所具有的长久的价值,它们为新世纪中国建筑学的发展奠定了一块坚实的基石。

注:

①齐康.建筑思迹·黑龙江科学技术出版社.1999

②齐康记述.仙境还须人来管.杨廷宝谈建筑,中国建筑工业出版社

③齐康.建筑思迹.黑龙江科学技术出版社.1999.

④张彤.钟亭的坐标——对南京大钟亭综合服务楼设计创作的思考.华中建筑.1998(1)

⑤大钟亭公园的标高比周围的城市道路高出3.4m

⑥齐康.建筑与城市空间的演化,城市规划汇刊,1999(2).

⑦齐康,张彤.内在的地方——对镇海海防历史纪念馆设计创作的思考.建筑学报,1997(3)

张彤,东南大学建筑研究所讲师,博士研究生

桂林城市中心城环城水系规划设计

吴明伟　段　进　孔令龙

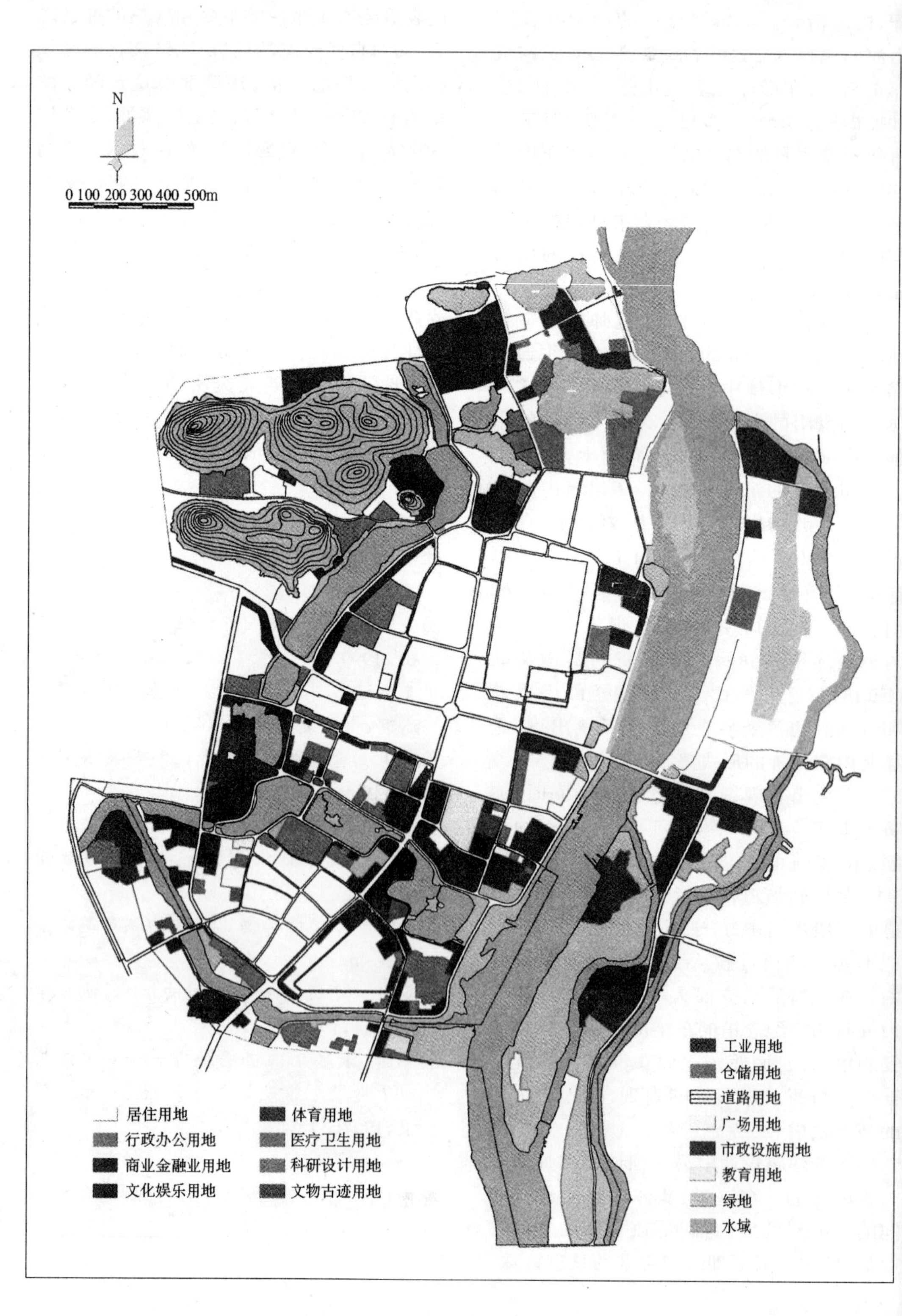

城市用地现状图

1999年5月至7月，由桂林市政府主持，在国内外规划设计机构广泛报名后，特邀美国、法国、日本、中国台湾和中国东南大学五家具有优秀业绩的资深设计单位进行了“桂林市中心城环城水系设计”方案国际竞标活动，在规划设计中，我们对桂林城市的历史进行了深入的研究，对现状进行了详细的调查分析，在此基础上进行规划设计目标定位、措施选择和方案设计。现将我校中标的规划方案简介如下，以期交流。

一、历史与现状分析

1. 四朝古城

桂林是一座具有二千多年历史的文化名城，1982年被国务院确定为第一批中国24个历史文化名城之一。

自三国吴甘露元年（公元265年）设始安郡起，桂林便一直是历代广西和南方地区政治、军事、文化重镇，宋代已有“西南会府”之称。而今古城区的格局主要与历史上四朝的古城形态相关。一是汉代以现榕荫路为南北轴线修建的始安郡府；二是唐代将独秀峰、子城和象鼻山为南北轴线，修筑“夹城”和“外城”而形成的“前朝后市”，它奠定了迄今为止的桂林中心区的格局；三是宋咸淳年间突破原有城市格局，依山傍水，因地制宜，形成了南北长、东西窄，山、水、城有机结合的城市形态，并将漓江和西护城河形容如两条巨龙，在鹦鹉山与铁封山之间建园形瓮城，创造出“双龙戏珠”势态；四是明朝洪武年间在独秀峰下修建靖江王府，并将城池向南扩大至象鼻山，桃花江作为南护城河将原护城河（榕杉湖）辟为风景湖面，同时十字街的商业中心形成。

2. 山水城市

桂林是以“山水”为风景内容的旅游城市。早在隋代就已是游览胜地，宋代始有“桂林山水甲天下”之说。山秀水清，城在景中，景中城中，城景交融，真是“千峰环野立，一水抱城流”，“江作青罗带，山如碧玉簪”。因而桂林城有“山水盆景”之喻，这充分表明了自然山水在城市中的重要地位，城市与自然山水融为一体。

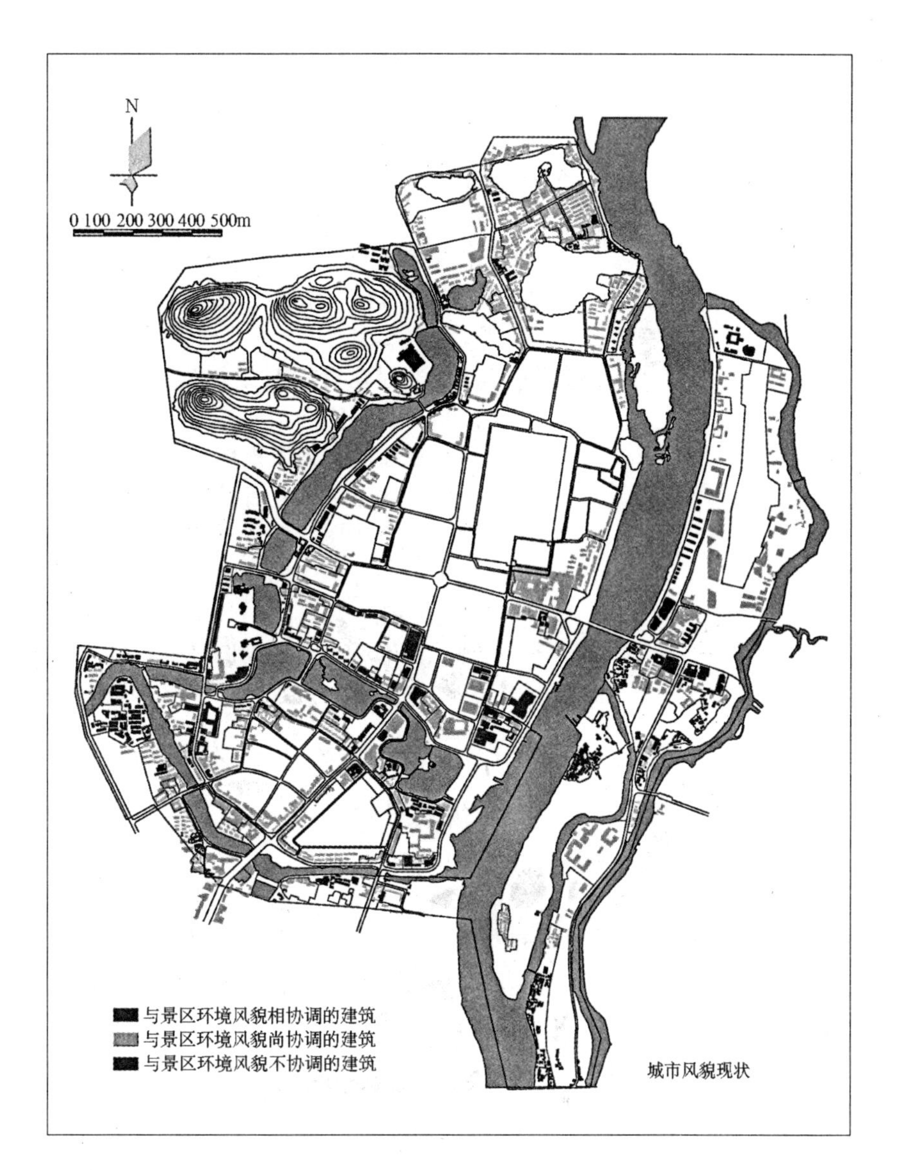

城市风貌现状

3. 水系环城

桂林城的水系发展与护城河紧密相关，其独特的环城水系有着悠久的历史。唐代以南面榕湖和杉湖，西面以桂湖，东以漓江形成环城水系。当时桃花江与隐山西湖、榕湖、杉湖相通，可泛舟游览。宋代开凿“朝宗渠”和伏波山南渠，形成“一水抱城流”，在伏波山下登舟，北经木龙洞、虞山、隐山西湖，顺桃花江而下可回到漓江。到明代，筑坝引桃花江东流直抵象山北，起护城作用，榕湖、杉湖和壕塘变成内湖，以后“朝宗渠”和伏波山南渠逐渐被毁。从水系的演化中可以得出，环城水系是桂林城历史形态中的重要组成部分，并且历代都形成完整的体系，融护城与游览为一体。

4. 现状问题分析

经现状调查研究和综合分析，桂林中心城区现状存在的问题可以用“满、混、损、杂、难”五个字概括：

满，古城区人口容量过大，建设量过多，“山水盆景”之间“越填越满”，占用和破坏了许多风景资源。阻碍了游览与旅游服务功能的发展；

混，指交通组织问题。城内主要道路功能不明确，路网不成系统，停车位不足，车行与人行，游览与城市生活交叉混杂。

损，规划建设中对建筑密度、体量、高度控制不够，使许多原有的视廊和空间轴线与景观环境受到了损坏；

杂，总体上来看，古城区中的漓江饭店等高层或新建商业性建筑体量大，不同时期与不同设计手法的建筑风格杂，墙面与屋顶色彩乱；

难，铁佛塘、木龙湖旧址地带地质复杂，现状建筑多，古水系的恢复和改造存在许多难点。

二、规划思想

1. 确立建设国际著名优质风景旅游城市的发展目标，树立高起点、高标准，整体规划、长期控制，立足现实、放眼未来的规划指导原则；

2. 挖掘历史文化底蕴，维护和强化“桂林山水甲天下”特色，充实风景旅游城市的文化内含；

3. 增强环境、服务与特色建设，把古城区建设成为能集中体现桂林历史文化和山水景观特色的旅游接待和服务中心。

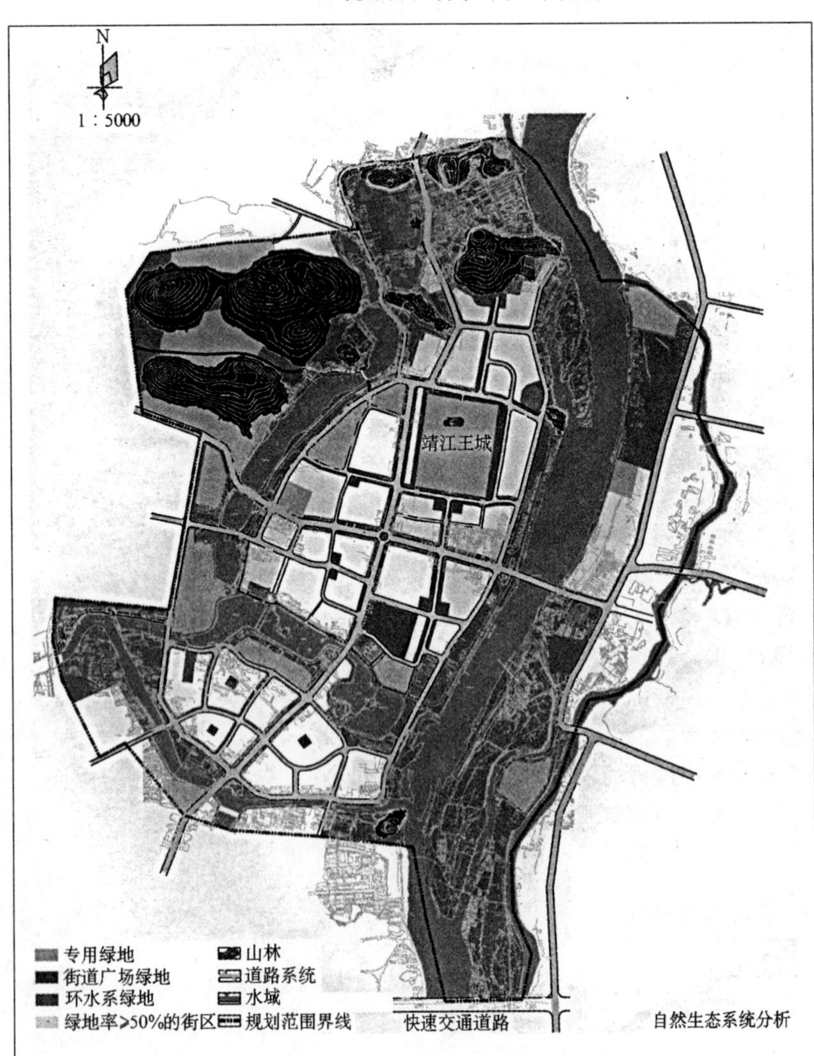

自然生态系统分析

三、规划措施

1. 调整古城区使用功能，弱化全市性商贸中心职能，迁出与旅游发展无关的产业、设施与单位，强化旅游服务中心功能；

2. 压缩建设规模，降低居住容量，减小建筑体量，降低建设密度，控制建筑高度，统一建筑风格；

3. 恢复古水系，扩大水环境，通过环城水系的规划建设，促进景观序列、空间组织和游览服务的系统化；

4. 增设步行休闲空间，加大绿化覆盖面积，扩大环湖游览绿地，保护古城遗址、轴线，等等，使生态绿化建设与古城文脉保护有机结合。

四、功能布局

根据古城区的历史与现状以及未来发展目标的要求将规划区内用地布局调整为四区一带：

1. 旅游接待服务区　以桂湖、榕湖、杉湖周边地区为主，布置宾馆、旅馆、接待站、旅行社等；

2. 商业服务区　在十字街和广场地区布置购物、餐饮和娱乐设施等；

3. 古城风貌游览区　以铁佛-木龙湖景区与王城为中心，形成体现桂林山水环境和历史文化特色的游览区；

4. 生活居住区　以服务人口居住生活为主，分为4片　分别位于古城南、北、中和漓江东；

5. 漓江风貌观光带　以漓江两岸为主。

五、交通组织

1. 完善交通系统，进一步区分交通功能与游览功能、步行系统与车行系统、居民流线与游客流线。通过加强管理，减少穿越城区交通；

2. 合理组织陆上、水上游览路线。通过调整原有沿湖车行道路的路线，使沿湖岸线的步行系统与车行交通分离，并与环城水系的游览路线合理组合，形成水陆并行的游览观光系统；

3. 合理配置停车场、码头、集散广场和船闸。在这些场所的规划布置时，注重视廊观景和本身作为景点或隐蔽不破坏景观的规划设计。

六、空间组织

空间组织以展现古城历史风貌，强化桂林“山-水-城”景观特色为原则。具体设计中注重了以下几个方面的空间要素：

1. 四湖　指铁佛-木龙湖景区、桂湖景区、榕湖景区、杉湖景区。针对各个景区在城市整体中的环境、地位和作用，进行不同的设计。其中铁佛-木龙湖位于古城形态双龙戏珠的龙首，群山环抱，周围有五峰相拥，集中了古城区山峰的二分之一以上，南北都有过瓮城遗址，东有古城墙与城门，自然条件与文化底蕴都十分优越。因此，规划中从长远出发将现有本身质量与风貌都不佳的建筑全部拆除，恢复古河道，扩大水环境，结合船闸建立一水城门将四湖与漓江沟通。在景区内以“山水盆景”的构思，进行了桂林风景特色的集中缩写，成为古城区新辟的最具吸引力的景区；

2. 二江　指漓江、桃花江。两江是城市空间格局和景观的重要组成部分，规划中充分注重了漓江滨江带和桃花江两岸绿化带的建设。特别是消遥楼的恢复将成为漓江的重要景观之一；

3. 九峰　指铁封山、鹦鹉山、老人山、叠彩山、宝积山、伏波山、独秀峰、骝马山、象鼻山。这些山体是桂林城市空间与景观的重要财富。规划中运用视廊、观景点、对景等手法的设计，充分发挥其“山在城中”的作用，并在整体布局时，注重空间结构与其自然结合；

4. 二轴　榕荫路汉代古城轴线，向阳路唐代古城轴线。这两条轴线，无论在整体空间结构，还是古城文脉延续方面都具有十分重要的地位。规划中力求将其形态恢复，通过绿化、步行街、视觉通廊等形式达到保护古城整体格局的目的；

5. 一环　从总体形态上来说，环城

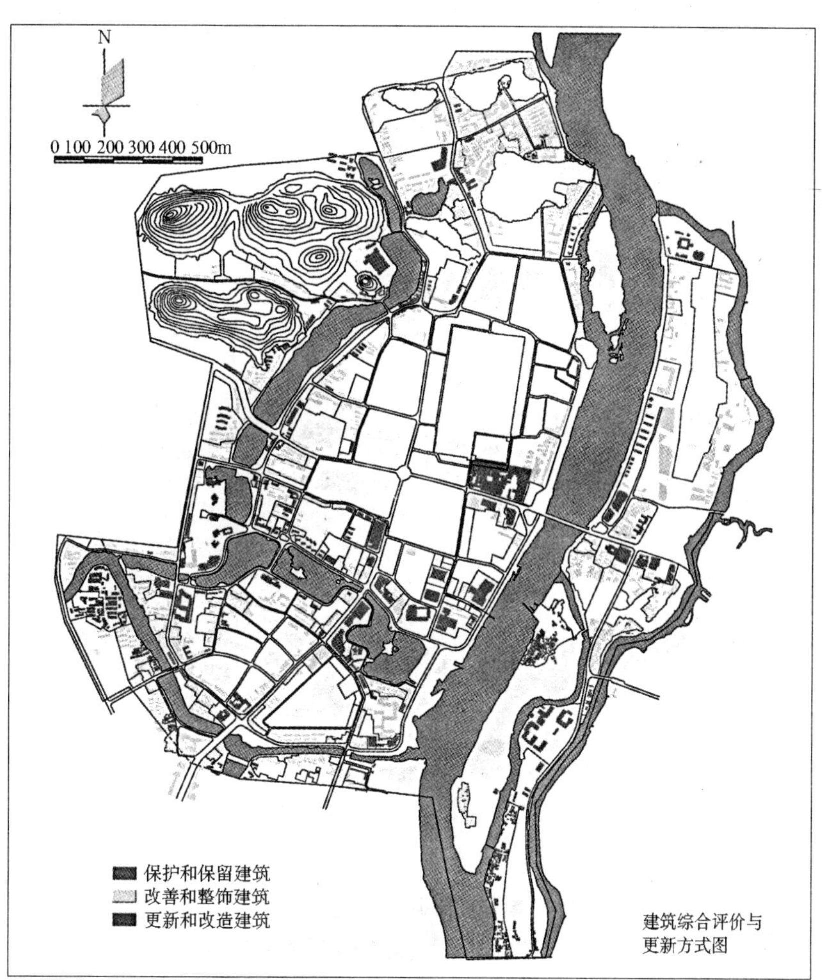

建筑综合评价与更新方式图

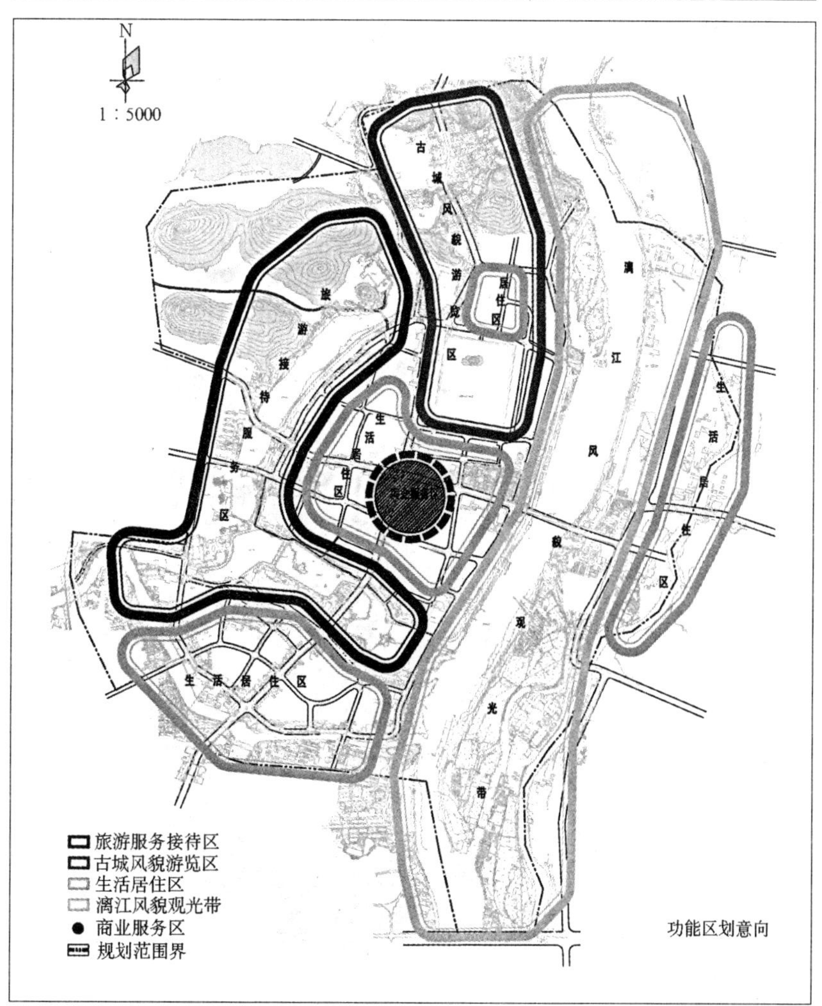

功能区划意向

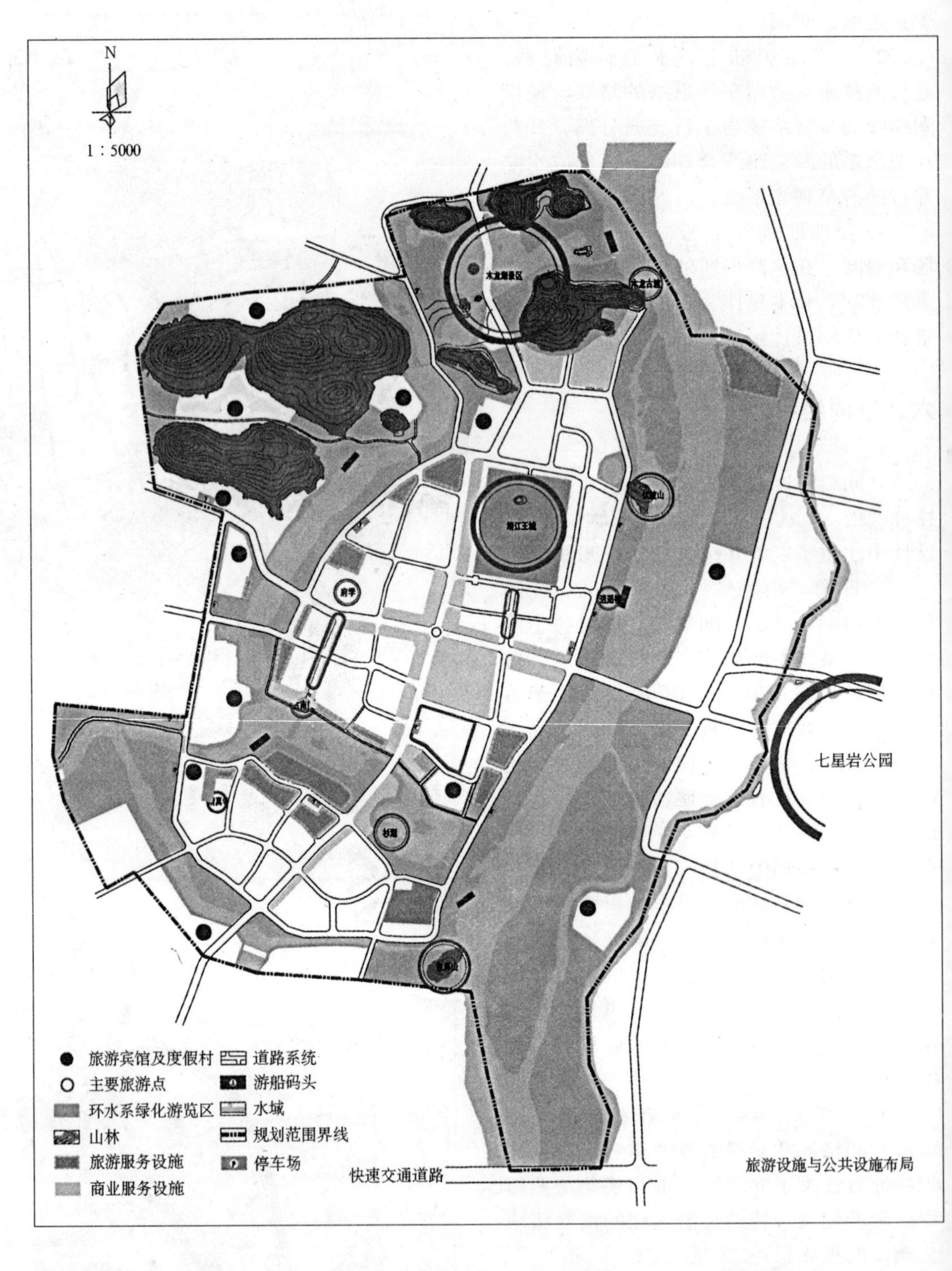

旅游设施与公共设施布局

水系为一环，由四湖组成。它们同样是古城形态的重要组成部分，在设计中十分重视其形态的整体性，恢复了水上游览空间的使用和强化了两岸景观的设计。

6. 一中心　以明府王城为古城构图中心。规划远期将王城作为游览地，北接叠彩山风景游览区，东靠逍遥楼漓江游览线，南有向阳路步行街，成为游览旅游的中心和高潮；

7. 多节点　指各种形式的空间节点，如：文物古迹点，历史遗迹点，观景点，街道广场等。这些空间节点的设计，使空间层次更加丰富多彩。如榕荫路轴线上的古南门和文化中心节点，铁佛-木龙景区的两个瓮城节点、杉湖边的李宗仁故居以及环城水系沿岸的观景点等。

通过以上多种空间要素的设计和整体的有机组合形成“四湖两江，一环两轴，九峰一中心”的山水城结合、体现历史文脉，具有丰富和独特空间效果的整体空间结构。

七、景观设计

1. 整体景观　突出山水，融城市于风景之中。桂林山水的景观意象是峰秀体小，水静影清。要保持这种景观特色，规划中强调依其山水之形，合乎山水之势，

木龙湖景区规划设计

木龙湖景区鸟瞰

顺其自然，恰如其分，巧于因借，精在体宜。在整个规划中都遵循这些规划原则，对水系两岸原有建筑与景观进行修整和改造，对新建区域进行规划与设计。如铁佛-木龙湖景区就根据实际情况，以水景为主，突出山体轮廓，建筑融于水景和绿化之中；

2. 建筑风格　经过漫长的历史发展，桂林山水文化已经形成了特定的内涵和趋向。桂林的建筑环境、景观风格也逐渐明朗与成熟，受到了各界的认可。出现了一批如花桥展览馆、伏波山听涛阁、芦笛岩接待室、西湖旅游宾馆等代表性作品。综合起来其特点是：小体量、组群式布局、院落式空间、平缓坡屋顶、出檐大、灰绿淡雅色彩、通透造型、轻巧形式、清新风格。规划中通过改造和新建建筑来统一古城区的建筑风格有利于桂林山水城特色的

现状沿湖东侧景观

规划沿湖东侧景观

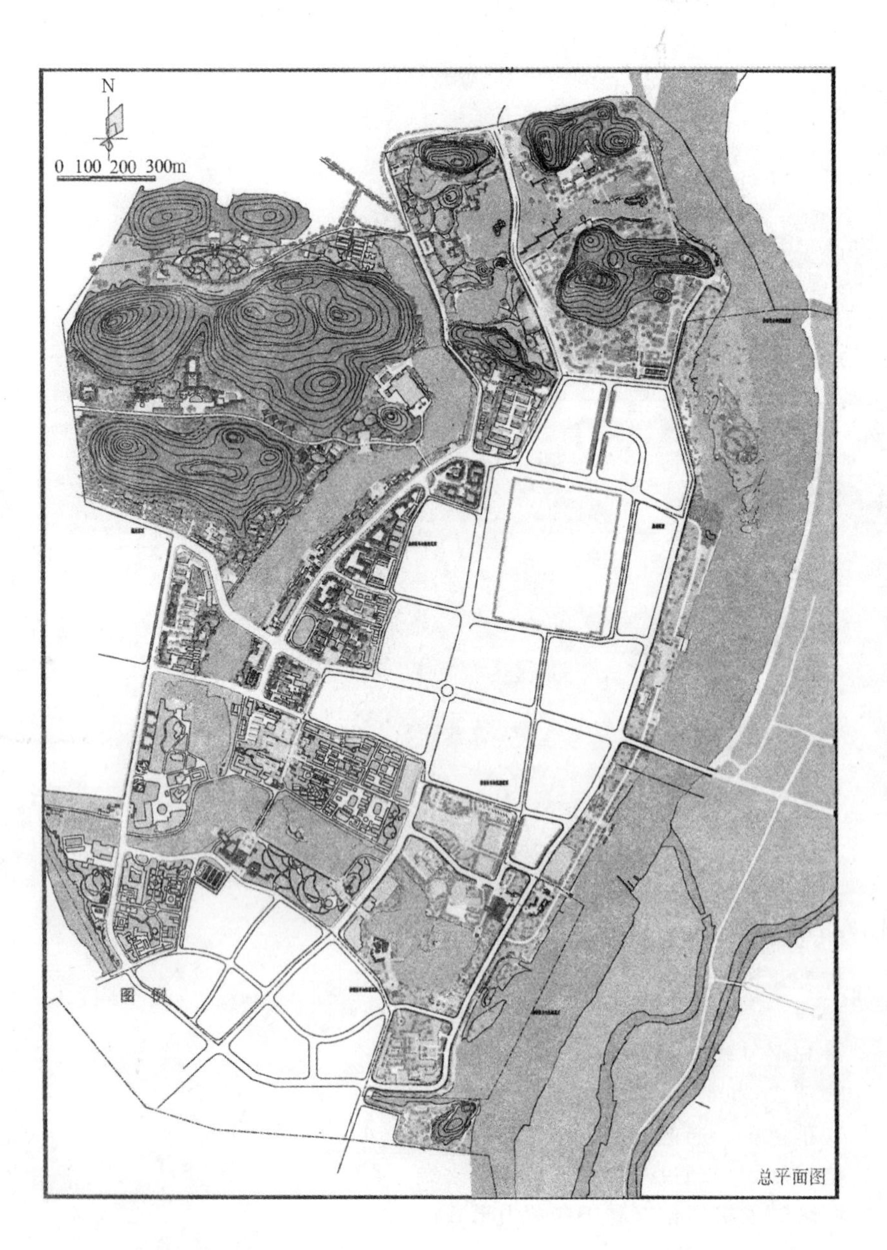

总平面图

增强和建筑环境质量的提高；

3. 景园环境　桂林是典型的“园中城”布局形态，“景在城中，城在景中”，整个城市就是一个大景园。因此规划要求城中的每一处小品、雕塑、路面铺设，驳岸形式以及植物配置、种植方式等都经过城市设计，将城区环境进一步园林化；

4. 风貌控制　为了在建设国际性旅游城市的进程中，从可持续发展出发，最大限度地发扬桂林山水城景观环境的独特性和魅力，在古城区改造与水系环境建设中，我们进行了分地块的控制性详规，对建筑体量、建筑密度、建筑高度、环境质量以及建筑色彩、建筑风格等给予更为严格的规定与控制。

项目负责：吴明伟　段　进　孔令龙

其他主要规划设计人员（以姓氏笔画为序）：

王承慧　王浩峰　权亚玲

刘洪杰　邵润青　徐春宁

姚　准　束　菲

吴明伟，东南大学建筑系教授，博士生导师

段　进，东南大学城市规划设计研究院副院长，教授，博士生导师

孔令龙，东南大学建筑系副教授

吴健雄墓园设计构思

仲德崑　卢志昌

五月的鲜花，开遍了原野。1998 年 5 月，物理科学的第一夫人吴健雄纪念墓园在她的故乡太仓市浏河镇落成了。5 月 4 日，吴健雄教授的家人，亲属，生前友好和国内外有关人士在浏河镇明德中学隆重举行了吴健雄教授骨灰安葬仪式。

墓园座落在太仓市浏河镇明德中学校园内，它既庄严肃穆，又宁静亲切。墓园的中部是一个用深黑色花冈石围成的圆形水池，水池的中心是黑色花冈石饰面的圆柱形墓室。墓室的顶面成 18 度角向正面倾斜，上面用中、英文镌刻着概括吴健雄一生的墓志铭（图 1）：

这里安葬着
世界最杰出女性物理学家
——吴健雄

她一生绵长深刻的科学工作
展现了深思力作和真知洞见

她的意志力和对工作的投入
使人联想到居里夫人

她的入世、优雅和聪慧
辉映着诚挚爱心和坚毅睿智

她是卓越的世界公民
和一个永远的中国人

Here lies CHIEN—SHIUNG WU
the brilliant world-famous physicist

Her lifelong scientific contributions and accomplishments
reveal profound knowledge and
extraordinary perception

Her intellectual capacity and devotion to work
are reminiscent of Marie Curie

图 1　吴健雄纪念墓园鸟瞰
图面的右上角是紫薇阁，紫薇阁的前面是吴健雄的父亲亲手所栽的紫薇树

She was noted for her

worldly Wisdom, elegance, charm and wit

She has become an outstanding world citizen

and remains forever the beloved scholar of China

图 2　园名题字由杨振宁教授题写的“吴健雄墓园”五个大字镌刻在汉白玉浮雕墙上

图 3　墓园总体鸟瞰由八片石墙组成的弧墙，形成了墓园的围合并划分了墓园与科技馆的空间

图 4　吴健雄墓园和吴健雄科技馆总平面

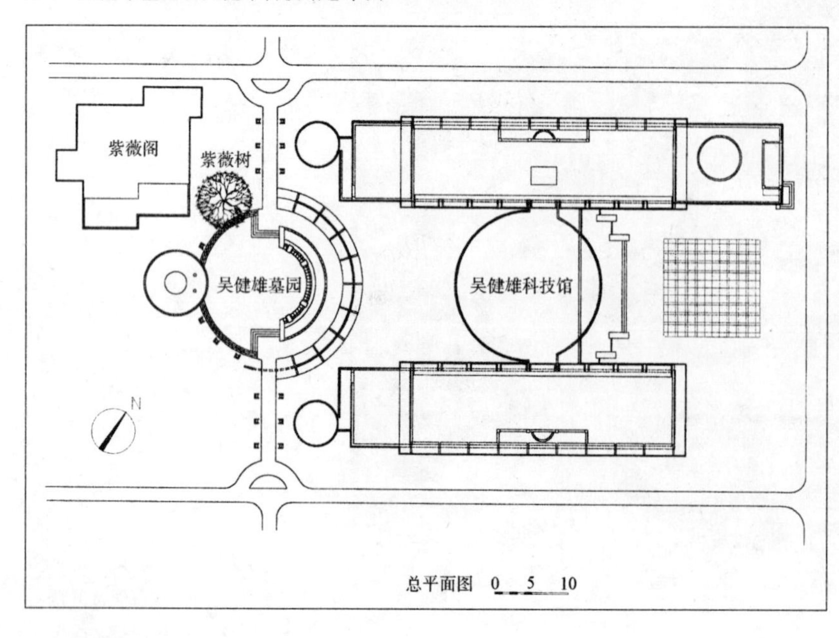

水池中圆柱形墓室的前面是一对向不同方向水平旋转的深色花冈石球，两球的顶端分别向上喷出一高一低两股水柱。这组动雕，用建筑的语言和象征的手法表现了吴健雄教授用以证明举世瞩目的宇称不守恒的法则的钴核子衰变实验。对于这一对石球动雕，著名物理学家、诺贝尔奖金获得者李政道的诠释镌刻在平躺在水池一侧草地上的黑色花冈石板上：

按宇称守恒定律，凡是二个左右完全对称系统的演变应该永远左右对称的。这似乎极合理的定律于一九五七年正月被吴教授钴核子衰变实验推翻了。

这建筑中二石球象征二个左右对称的钴核子，而其衰变产生的电子分布由水流代表，它们是不对称的。

谨以此纪念吴健雄划时代的重大科学贡献。

李政道
一九九八年四月四日

圆形水池的前面是供人们瞻仰的广场，广场的背后环绕着弧形布置的八片浮雕墙，墙上镶嵌着由知名物理学家、诺贝尔奖金获得者杨振宁亲笔书写的“吴健雄墓园”五个石绿色题字（图 2）和描述吴健雄一生主要活动和业绩的六幅汉白玉浮雕。内容分别为“浏河的童年”、“帕克莱深造”、“曼哈顿计划”、“对称性革命”、“核物理女王”、“永恒的情怀”等(图 3)。

浮雕墙的背后是一座由吴健雄、袁家骝夫妇捐款 200 万人民币、太仓市投资 300 万人民币的“吴健雄科技馆”。这一片弧形布置的浮雕墙，划分了墓园中的纪念性氛围和科技馆中的学习性氛围。同时，共同的轴线又使得科技馆建筑和纪念墓园形成一个和谐统一的整体。

吴健雄墓园的设计构思是海内外许多人智慧的共同结晶。吴健雄教授的丈夫袁家骝先生、杨振宁先生、李政道先生以及太仓市和浏河镇的朋友们都曾对设计提出过中肯的建议。最终的设计方案由贝聿铭先生审定。这些共同的智慧结晶贯穿于设计的整个过程。

选址——陵墓抑或墓园

最初，浏河镇建议将吴健雄骨灰安葬在浏河镇郊外的烈士陵园和百姓公墓一侧，建造一座“陵墓”而不是现在实施的“墓园”。经反复分析研究，我们认为那里的环境气氛不适合于作为一代物理女皇的吴健雄教授安息。出于以下几点考虑，决定将吴健雄教授安葬在明德中学校园内。首先，明德中学前身明德学校系吴健雄教授父亲吴仲裔先生创办，吴健雄教授生于斯、长于斯。校园内有一株苍翠虬劲的紫薇树即吴仲裔先生手栽。阳春三月，满树繁花，云蒸霞蔚。吴健雄乳名“薇薇”即源于此树。吴老先生为健雄儿时所写儿歌“薇薇来，薇薇来……”陈列在校史陈列室中，父女亲情，感人至深。让吴健雄教授长眠于此紫薇树下，吴教授如九泉有知，亦当快慰。再则，名人葬于校园内，古今中外皆有先例。以吴健雄教授国内外之声望，众学子之景仰，长眠于明德中学，对后代学生奉献祖国科学定会产生无穷激励；对明德中学发展壮大亦当产生有利的促进作用。此议一出，当即受到袁家骝教授、明德中学、浏河镇、太仓市政府等各方面的赞同。最后，将性质定为“纪念性墓园”，而不是一般的名人墓地，创造出优雅、安谧、亲切、朴实的纪念性环境，以表达社会对吴健雄教授的敬仰之情。由于建在中学校园内，因此不宜过于严肃，但又要不失典雅、庄重的气氛。根据袁家骝先生的建议，地面标志物要能象征吴教授本人，体现小巧玲珑、优雅别致的特色。设计正是从上述构思出发，巧妙运用各种不同质感和色彩的材料，调动各种设计语汇，创造出了一个恰如其分的空间氛围（图4，图5）。

造型——突出科技与教育

“献身科学名扬世界健雄星座与日月同辉，

热爱教育心系明德紫盛花树并天地长存”

悬挂在吴健雄教授灵堂内的这对挽联，概括了吴健雄教授献身科技与教育的光辉一生，给设计者以深刻的印象。设计正是紧紧抓住了科技与教育这两个核心作为造型的出发点。

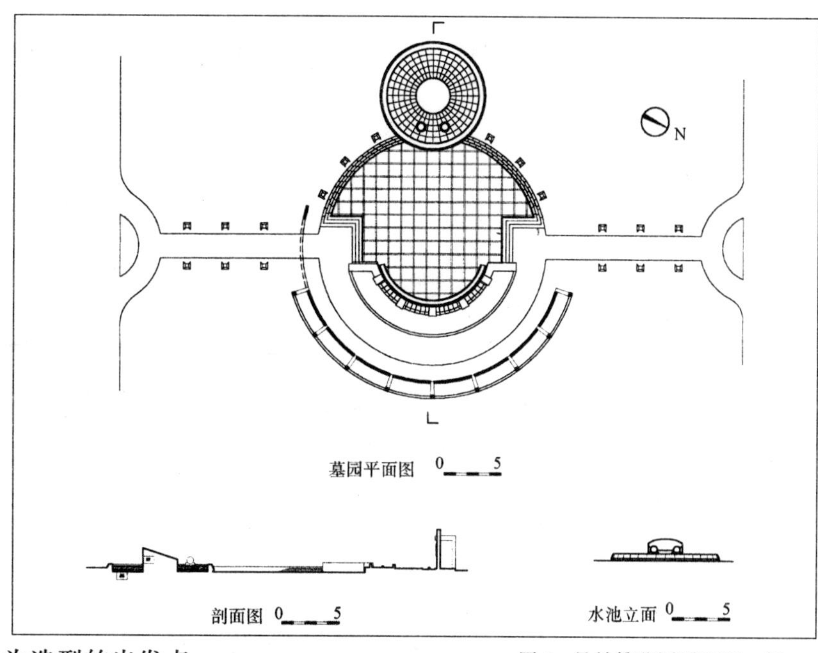

图5 吴健雄墓园平面图，剖面图和水池立面图

首先，将墓园与吴健雄科技馆从总体布局上形成一个完整的纪念性环境。但是，两者之间以雕塑墙分隔，使教学部分与纪念墓园既从构图上成为一个整体，又适当有所划分（图6）。

其次，采用浮雕墙的手法，表现吴健雄教授一生最为关注的教育和科技的主题。其中以“贝克莱深造”表现她早年飘洋过海为国家振兴刻苦求学的精神，以“曼哈顿计划”、“对称性革命”、““核物理女王”三幅浮雕表现她在现代科技上的卓越贡献，以“永恒的情怀”，表现她对家乡明德中学教育的关心和支持（图7）。

主题——“宇称不守恒定律”

吴健雄教授对当代核物理学最突出的贡献，莫过于她用钴核子衰变这个使她享誉世界的著名实验打破了传统的宇称守恒定律，证明了宇称不守恒的法则。这一实验促成了杨振宁、李政道二位教授获得了“诺贝尔奖”。因此，设计以宇称不守恒定律作为构思的主题。事实上，这一“主题”是由李政道教授提出的，他希望能在墓园的设计中表现出吴健雄教授对物理学的这一划时代的贡献，以表达人类，特别是杨、李二人对这位杰出女性的最崇高敬意。李教授还亲自绘制了以一个科学家的思维所表达的钴核子衰变实验模型：两个钴核子，因正负极不同而向两个方向旋转，按“右手法则”方向发射出的电子数量是不等的，一边多，一边少。两个核子的中间设定了一面镜子，暗示传统上认为完全对称的镜向成为不对称。这份草图，通过传真送达我们手中（图8）。科学家提出的模型是非建筑的，甚或是反建筑的。科学家向艺术家（建筑师）提出了一个艰难的题目：如何以建筑的语汇来表达这一科学模型？一时间能否解决好这一问题成了成败的关键。

山重水复疑无路，柳暗花明又一村。多少日日夜夜的冥思苦想之后，一闪念之间，珠宝玉石商店大厅里陈列的“风水球”为设计构思提供了灵感：如果两个球能水平向不同方向旋转，如果球的端部能垂直向上喷水，如果两个球端部喷出的水柱能一高一低……。踏破铁鞋无觅处，得来全不费功夫，最终的构思就这样形成了。设计以两个深色的石球象征钴核子，以相反的旋转方向象征加速器驱动电子旋转的方向，以水柱高低象征发射出的电子数量，使形象上完全对称的两个“风水球”形成了不对称的“动雕”。科学家的模型就这样演变成为了艺术家的建筑语汇（图9）！征询厂家意见，厂家专门为此进行了实验和研究，突破了一系列难点，成功地生产出了水平旋转、端部喷水高低不同的“风水球”。这一成功为设计构思的主题的实现找到了一条出路。

于是，有了这一对呈于吴教授墓室前的动雕，它象征着钴核子衰变实验，它又何尝不是后世学子在教授墓前供奉的一对灵烛呢（图10）？

我们为有幸为吴健雄教授设计墓园感到由衷的兴奋，我们感谢所有给予我们这一机会的人们，我们感谢袁家骝教授及其亲属的信任和支持，我们感谢杨振宁，李政道教授在设计过程中给我们出谋划策，我们感谢所有为吴健雄墓园的策划、设计、建造做出贡献的人们。

我们希望，我们向吴健雄教授和所有热爱她的人们交出的是一份尚称令人满意的答卷。

愿吴健雄星座永远与日月同辉，吴健雄教授永垂不朽！

参加吴健雄墓园设计和绘图的人有：卢志昌、仲德崑、张玫英和林纹剑等。参加汉白玉浮雕设计的人有：赵军、曾琼等。

仲德崑，东南大学建筑系系主任，英国诺丁汉大学博士，教授，博士生导师
卢志昌，东南大学建筑系副系主任，教授

图6　弧形浮雕石墙

图7　汉白玉浮雕“贝克莱深造”

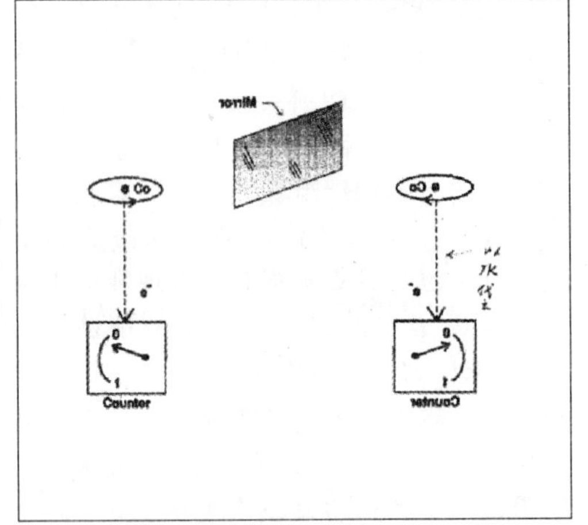

图8　李政道教授所绘的钴核子衰变实验模型　两个椭圆表示加速器旋转的方向，中心是两个钴核子。下方的计量表表示实验中发射的电子数量的多少不同。中间的镜子表示传统上认为对称的镜像在该实验中被证实为不对称。李教授建议在墓园的设计中要表现这一伟大的科学发现

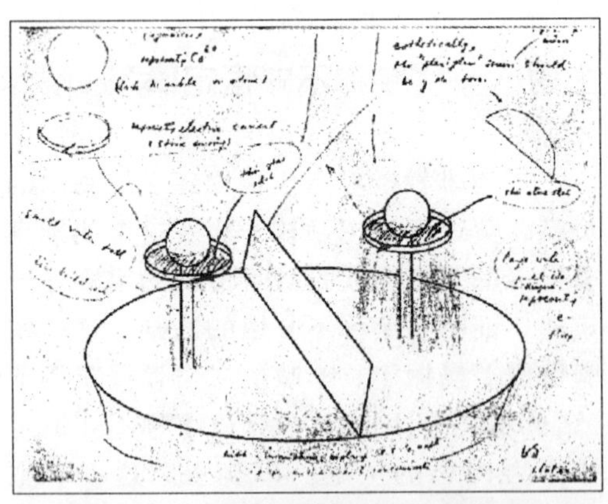
图9　李政道教授根据我们提出的“风水球”构思所绘的具体意见　图中的英文字均为李教授所书，右下角是李教授的签名“政”

图10　水池和墓室全景　墓室前的一对向互相相反方向旋转的“风水球”，顶部喷出的水柱一高一低，用以象征钴核子衰变实验。左下角的石板上镌刻着李教授题写的说明

旧建筑，新生命
——建筑再利用思与行

鲍家声　龚蓉芬

一、思念

在城市发展和改造过程中，如何对待现有建筑（老房子）是一个现实的问题。因为随着城市发展，城市功能改变，经济结构调整，传统工业逐渐衰减，或被搬迁郊外，原有的厂房、仓库等房屋设施就失去原有的功能需求而被闲置。同时，在城市旧区进行再开发也必然会遇到大量的旧房，在城市改造和开发过程中是将它们简单地全部推倒，还是谨慎分析，尽量争取再利用，这是二种截然不同的的建设思想，也是二种截然不同的规划设计方法。我们是主张后者的，因为任何一个城市的发展史，它都是新建、改建、扩建甚至恢复重建的综合建设活动，它们又都是以相辅相成的方式协调发展的，即使是遭到战争或自然毁坏，也是如此。然而，跨入90年代以来，我国城市建设都在高速度发展，伴随着大规模的城市开发与改造，一大批原有建筑被推倒，甚至一些具有历史意义和地域文化特征的建筑也被推平和拆除，使其在历史上从此消失！这样的城市建设方式不论从政治上、社会上、经济上和文化上来看都是不可取的，也是违背城市发展建设的客观规律的，已被国外的建设实践证明是不妥的。德国柏林首都的重建就是总结了历史的经验教训而采用了现行的城市建设思想，即要求按照传统欧洲城市的模式进行建设，少建高层，尽量少拆或不拆旧房。

我们正处在世纪之交，城市建设也处在十字路口，采取什么方式科学合理地发展城市、建设城市、改造城市是值得决策者、规划设计者、投资者，建设者共同要反思的，就以如何对待旧建筑问题，也需我们重新加以思考。我们必须从可持续发展的高度来认识它，从而确定相应的对策。

我们知道，人类在创造工业文明的同时，采取了过度开发的方式，造成了环境污染，能源危机，破坏了人类赖以生存的自然生态环境。其中建筑业却起了主要作用。因为环境污染总体的三分之一以上是因建筑业在建设和使用过程中造成的，全球一半以上的能量是消耗在建筑的建造和使用过程中的。旧建筑的再利用显然可以减少建筑活动中资源和能量的消耗，延长建筑物寿命，从而具有更大的效益，同时也减少因拆除旧建筑而产生大量垃圾及其对环境的污染。此外，旧建筑一般都有地域性特点，它是这些城市地域文化、历史的物质表现。建筑物的再利用有利于在城市发展和城市改造中保持城市的文脉和建筑文化遗产的连续性。因此，可以说建筑的再利用（reuse）是符合可持续发展原则的，是有其社会价值，文化价值，经济价值和生态价值的，在迎接新世纪来临之际，应该重新把它列入未来城市建设的一个主要原则。

二、三思而行

上述思想长期隐藏在我们脑中，一有机会就想“表现”，可以说是“三思而行”。我们曾为一私宅进行过“再利用”的改造，把一个经历了半个多世纪的折磨已变成百孔千疮，摇摇欲堕，长期闲置欲弃的皖南旧居改造为适合现代生活的小旅舍（图 1）。花钱很少却使破房子获得了新生命，受到当地人广泛的赞赏，因而又影响到当地旧城改造的思路及其改造规划。（图 3）我们也在上海一个小区规划

图1 皖南旧居外貌

图2 皖南旧居改造后的内景

设计中，将小区用地上的一座厂房保留下来，进行改造再利用，把它改为小区商业、文化服务中心（图2）。我们在参加山东青岛市公共图书馆方案设计时，根据对原馆舍分析，我们也采取保留再利用的思路，使新建部分与原有馆舍构成一个有机的整体，在功能上和形式上新旧部分都做到高度的统一，在方案评选中名列第一。我们建筑再利用的思想表现最充分的完全付诸实践的，是南京绒庄街一个小工厂3个车间改造成住宅的实践，建成投入使用已有6年多了，但它仍有现实意义，故将重点介绍如下：

三、一次真的实践

（一）改造的三种思路

南京市绒庄街70号原为南京工艺铝制品厂，（图4，图5）于1974年设计建造，后改为生产绢花，出口外销。1991年该厂倒闭，将厂房出售给南京日报社。该报社拟在此地建造职工住宅，解决年青记者住房问题。在筹建过程中前后经历三个阶段反映了三种思路：

1. 开始，拟将该厂三幢建筑全部拆除，新建住宅楼，即拆旧建新。该地段位于南京市城南老城居民区，尚未改造，故

图3 旧居周围改造规划

将三幢房屋全部拆除新建住宅楼就要按新建工程项目立项，按规划要求、相邻的街和巷都要拓宽，基地变小，只能建一幢7层一梯四户的点式住宅楼，即28套住房。这样，建设单位觉得划不来，新建周期还要长；因此：

2. 改变主意，不拆旧房，利用三幢旧房进行改造，并提出“充分利用，合理布局，经济适用，旧房新貌”的原则进行设计。因为采用了传统的设计方法，结果三幢建筑只能改造成27套住宅（图6)；仍不能满足急需解决的职工住房数量问题；

3. 采用高效空间住宅新的设计方法，实现旧房再利用。

当时，我们正完成一幢“高效空间住宅”试验房的研究试建工作，这是我们承担国家自然科学基金资助的“设计效益研究”课题中一项研究内容。建设单位得知这一信息，并参观了试验房，认为这是一条很好的路子，委托我们按试验房的模式进行设计。在参观了现状厂房后，我们觉得有可能，这也是难得寻找到的一次实践机会，于是我们接受并完成了这项“旧建筑再利用”的特殊设计任务。

（二）如何改造利用？

这次改造工程有它很大的难处，一是改变建筑功能，使其由生产用房改变为住宅；二是要通过改造尽可能提供更多住房，解决更多的住户，因此不能简单地按传统的二维设计模式来设计，而要是采取三维立体的设计方法。我们在观察了三幢厂房之后也发现它也有利的条件，这就是：

1. 空间开敞，因为是车间，都采用钢筋混凝土框架结构，内部空间比较灵活；

2. 层高较高，三幢车间分别为3.8m和4.0m，空间上尚有开发潜力；

3. 开间较大，分别为3.8m和4.0m；

4. 进深适中，分别为10.0m和12.0m，比较适合一般住宅的进深，朝向南北。

根据上述特点和要求，我们应用我们先前研究的支撑体住宅（开放住宅）和高效空间住宅的研究成果，利用其层高高，开间大，空间开敞、灵活的特点，在有限的空间里开发更多的使用空间。我们设想原则上是一户一个开间，每一开间分为前后A、B、C三区段，起居室居中段（B区），卧室、厨房、卫生间分别置于A区

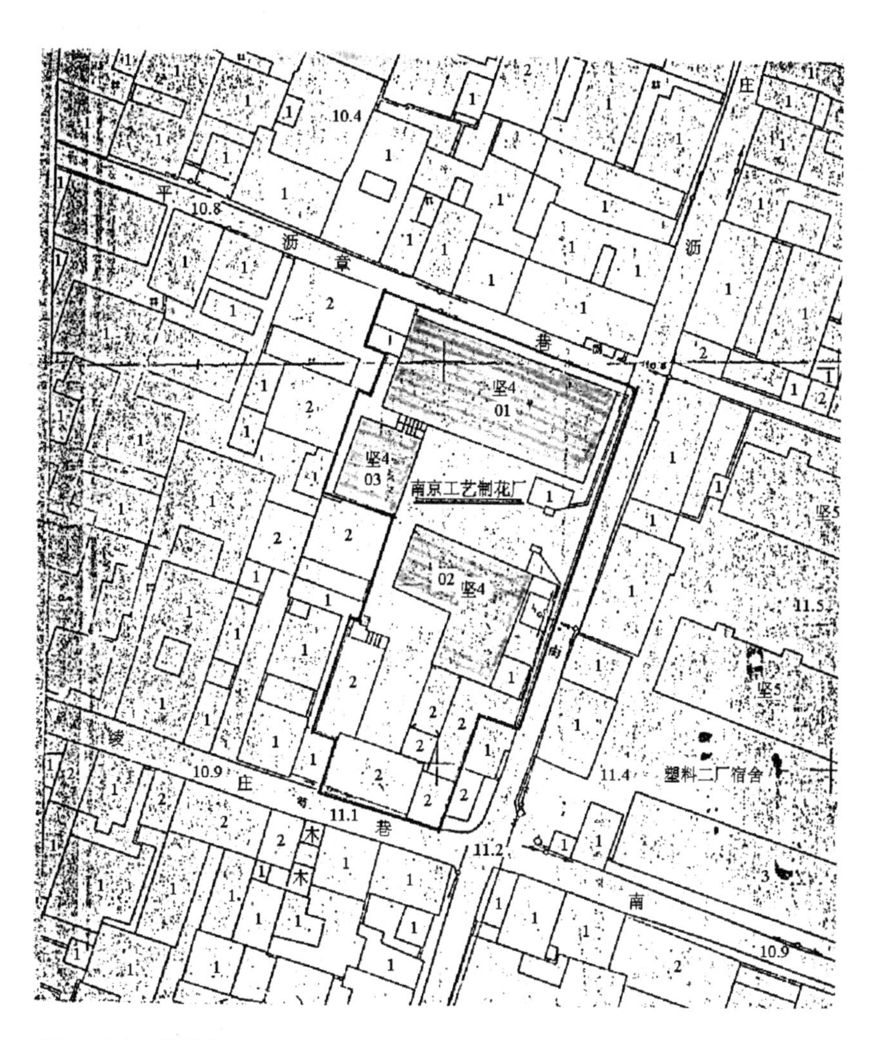

图4 南京工艺制花厂总图

图5 01幢车间改造前平面与立面

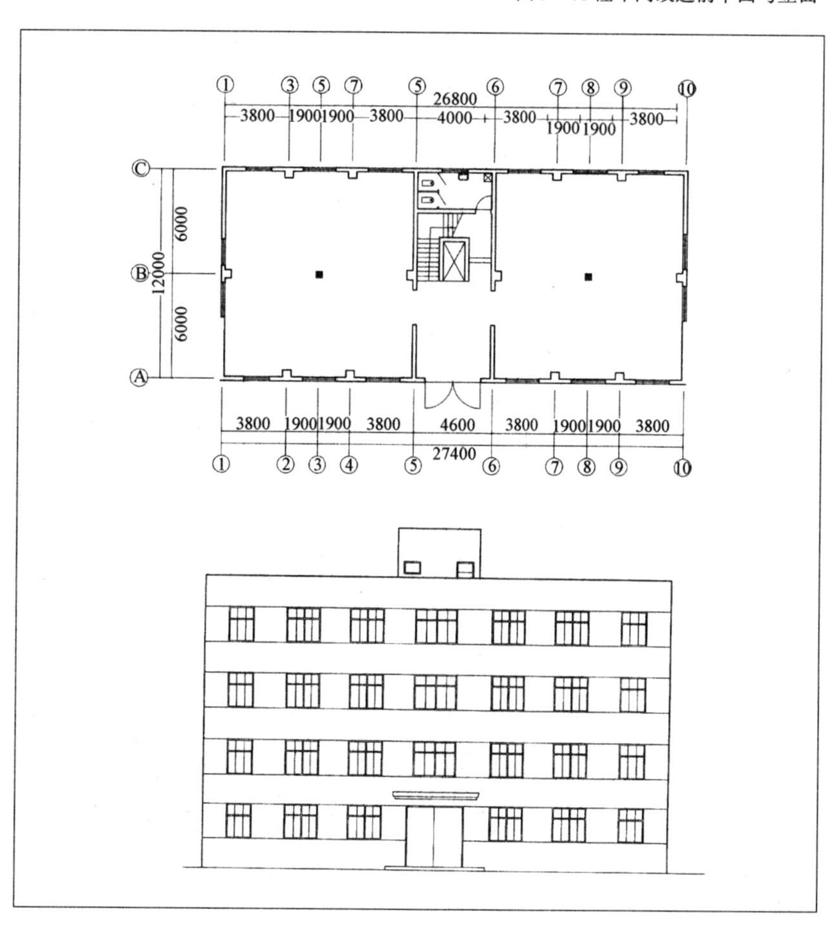

和C区。按二维设计，每户仅有 $32m^2$ 和 $38m^2$，面积显然不能满足要求，改用三维模式设计后，每户面积（不含公共面积）就达到 $60 \sim 70m^2$。基本能适应核心家庭的居住要求，达到了独门独户、三大一小的成套的住宅要求（图7，图8）。

采用高效空间住宅设计基本核心就是辩证地看得住宅的室内高度，层高不是划一论之，而是根据不同使用功能，"该高的高，可低的低"，充分发挥室内上部空间的使用效率，使室内上部空间与下部空间使用趋于平衡，而一般则是"下挤上空"，空间上下负荷不均衡。在住宅空间构成中，起居室就该高一些，卧室、厨房，卫生间、储藏室及交通空间就可以比起居室低，因此把起居室层高做得高，与原车间层高相同，即3.8m和4.0m，并把它置于每一开间的中段（B区），其它房间"可低则低"，将它们置于每开间的二端（A区和C区）并采用空间相互穿插的方式，使每一空间的高度都能满足人体行为的基本要求（见图9）。

（三）设计效益比较

上述三种筹建阶段，即反映三种不同的建设思路和设计模式。它们的设计效益明显不同，试看下表：

设计效益比较

建筑模式与设计模式	拆除建筑面积 m^2（原建筑面积）	新建建筑面积 m^2	旧、新面积比率%	住宅套数	每户平均建筑面积	投资（万元）	每户投资（万元）
拆旧建新	1846.0	1960.0	1:1.06	28	65—70	200	7.143
利用旧房传统设计模式	0	1846.6	1:10	27	80—90	120	4.444
利用旧房高效空间住宅设计模式	0	3744.0	1:2.03	63	60—70	150	2.381

图6 按传统方法改造的01幢标准层平面

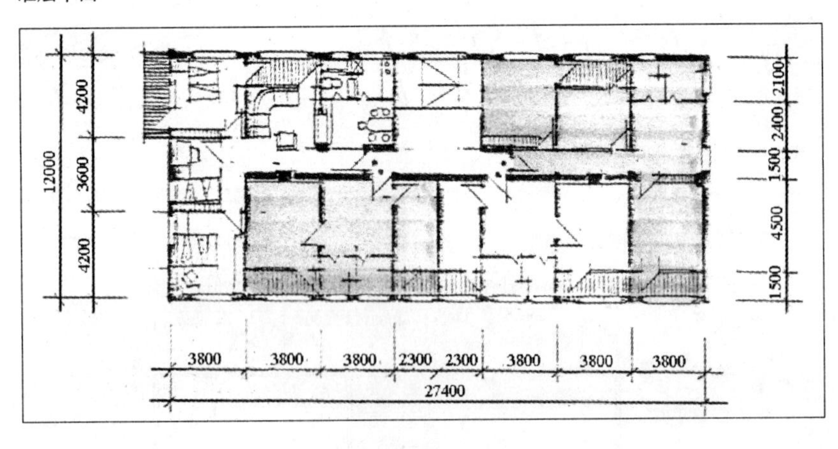

图7 01幢利用高效空间原理改造的标准层平面

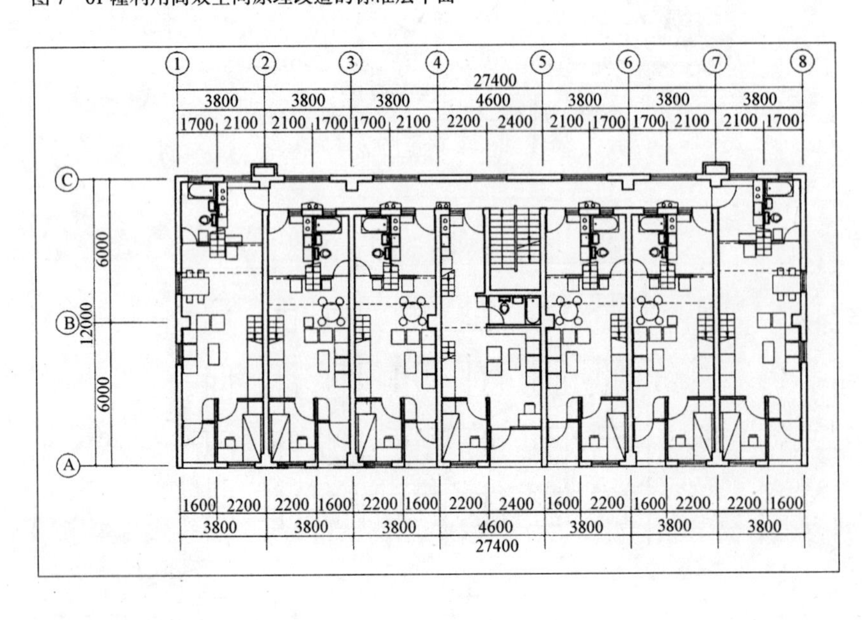

从上表比较可知：旧房不拆，采用高效空间住宅设计模式能取能明显的效益，表现在：

1. 增加建筑面积50%以上；
2. 增加住户1倍以上；
3. 节约投资，平均每户改造建设投资仅2.38万元；只占新建住宅的1/3；
4. 减少大量的建筑垃圾及运输工程，减少对环境的污染，减少资源消耗。

（四）建后评鉴——得到住户的认同

利用旧房，采用高效空间住宅设计方法进行改建，究竟使用效果如何？住户是最有发言权的。为此，建成投入使用后，连续2年我们对该项工程进行了跟踪采访和问卷式的调查。

问卷调查是1994年9月进行，即在建成投入使用后1年。调查针对我们最担心、最敏感及与传统住宅不一样的一些问题设题求答，它们是：

1. 室内自然通风问题，调查夏天室内是否闷势？调查安排在9月份进行，目的就是观察改造后的高效空间住宅是否经得起南京夏天"火炉"的考验。在收回28分调查表中，调查情况如下：

- 认为起居室通风"很好"的有24户，占85.7%；
- 认为起居室通风"一般"的有4户，

占 14.3%；

●认为厨房、卫生间通风“很好”的，有 18 户，占 64.3%；

●认为厨房、卫生间通风“一般”的，有 10 户，占 35.7%；

●认为卧室通风“很好”的有 17 户，占 60.7%；

●认为卧室通风“一般”的有 10 户，占 35.7%；

●认为卧室通风“不好”的有 1 户，占 3.9%；

所以室内通风基本上是好的，具有很好的穿堂风。

2. 房间的高度问题：这也是我们最担心的问题，因为它是“阁楼式”的，低于正常的卧室高度，最大的高度为 2.1m。调查目的就是了解住户是否接受和认同它。在回收的 28 份调查表中，情况如下：

●在卧室高度是否可以接受一栏中，有 20 户认为“可以接受”，占 71.4%；有 3 户认为“无所谓”，占 10.7%；“认为住习惯就好了”；有 5 户认为“不可以”，因为是高卧室“住惯了”；

●在“厨房、卫生间的高度是否可接受”一栏中，有 26 户认为“可以”，占 92.86%；有 2 户认为“无所谓”，占 7.14%；

●在“适当降低房间高度增加卧室数量和使用面积”一栏中，有 15 户认为“很好”，占 53.57%；有 13 户认为“无所谓”，占 46.43%

●对于“是否喜欢卧室在夹层阁楼上”问题，24 户表示“喜欢”，占 85.72%；因为二层相对安静、不受干扰；另有 4 户表示“无所谓”，占 24.28%；

调查结果说明：高效空间设计的住宅得到了住户的认同，它不仅提高了使用面积，也改善了住宅功能质量，可以达到“少花钱，多办事，办好事”的要求。

（五）创造条件，让使用者参与旧房改造

从 80 年代初，我们就提出“支撑体住宅”的设计观念，自那以后，我们都坚持探索与应用它，因为道理很简单，任何住宅离开居住者参与是设计不好的，必须实行设计者与使用者双向沟通，互助互补、合作设计。在这项工程中，我们也仍然坚持这样的设计原则。

这次将厂房车间改造为住宅是在保持

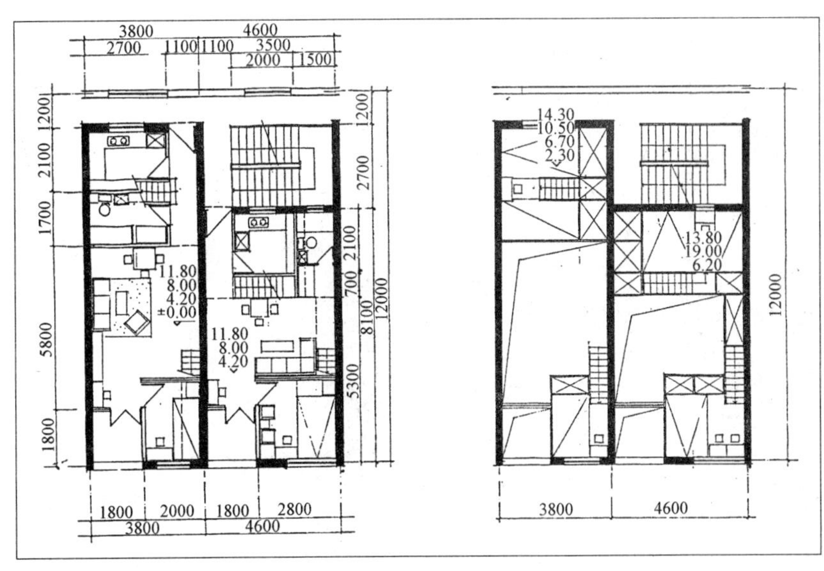

图 8　01 幢两户改造平面图

图 9　相互穿插的内部空间（下两图）

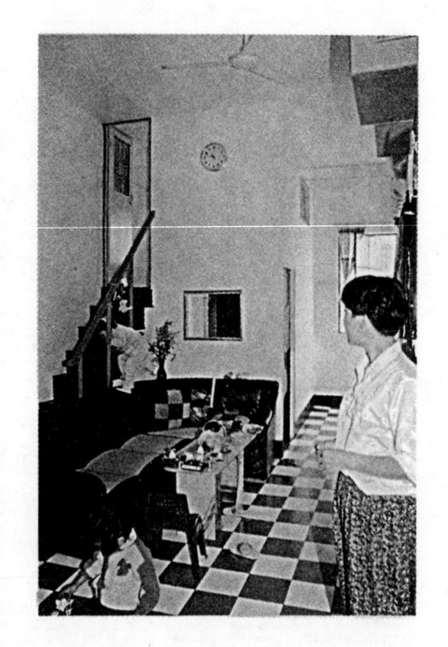

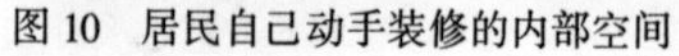

图 10 居民自己动手装修的内部空间

图 11 改造后的反映高效空间特点的外观

原有建筑结构的前题下进行的，原来的楼梯进行拆除和重建，以适应住宅使用需要；外墙和立面也根据住宅内部的设计作了必要的调整。由于原建筑是框架的，故厂房框架结构本身就自然成为支撑体，是一个灵活的多层大空间；采用外廊式住宅，一梯七户，每户一个开间，实际上我们为每户提供的是一个“3.8m × 10.6m × 4m（开间 × 进深 × 层高）的长方形的立方体空间，朝向南北，它是一个开放空间，厨房、卫生间随管道而置于此端（C 区），住户可以根据自己的意愿在这个开放空间的三维方向精心策划，创造自己满意的家园。

在建设过程中，我们发现住户参与的积极性是非常高的，虽然每一开间的在面积（3.8m × 10.6m）和空间体积（3.8m × 10.6m × 4m）≈ $1700m^3$ 是相同的，但是每家的空间组合和室内布置则显现出多种多样个性化的特点，每个住户都在按自己的意愿来营造“我心目中的家”，因为提供的是一个开放的空间，采用轻质填充体具有一定的灵活性，我们在连续跟踪的采访中就发现，有的住房在两年内又重新改造了一次（图 10）。

四、投石问路，欣得回响

这项工程是有一定规模的旧建筑再利用的探索，是投石问路，建成后，不仅得到住户的认同，同时也得到国际国内学术界的赞赏。

1994 年 10 月日本京都大学就组团来访，专门观察了这项工程，并作为研究生的研究案例，认为对日本有其积极现实意义。1995 年 10 月，在我国召开的第一届开放建筑国际研讨会与会近 40 名外国学者和 100 多位中国学者参观了这项工程，认为这是为旧房改造提供了一条新路，并建议我们向国内外介绍。1996 年由江苏省建委组织鉴定，认为国内先进，国际有影响的研究。1997 年联合国技术信息、促进系统（TIPS）中国国家分部，因高效空间住宅的研究和其设计高效，具有广泛地为人类节约土地的重大意义而授予“发明创新科技之星”奖；1998 年世界经济评价中心（香港）授予“90～97 年世界华人重大科技成果”荣誉。

一个小区的旧房改造工程引起如此反响，说明了人们看待建筑的着眼点在改变，即建筑如何节约土地，如何提高设计效益，如何使建筑业从粗放型走向集约化，如何节省资源、能源及减少对环境的污染和破坏，如何实现“以人为本”、满足个性化要求的设计，一句话如何使建筑走向可持续发展的方向：投石问路路渐明，任重道远众成城。

鲍家声，东南大学建筑系教授，博士生导师

龚蓉芬，东南大学建筑设计研究院高级工程师

现代城市广场设计研究

胡 滨

广场是最古老的城市外部空间形式之一，起源于公元前五世纪的古希腊。①它是城市空间形态的一个重要组成部分，集中反映了城市的历史文化和艺术风貌，成为一个城市的象征。正如奈比斯特所说："人们引进的技术越多，就越愿意往一块聚集，越希望和其它人在一起。"广场恰恰为人们提供了这样一个享受自然和社会生活的聚集场所，它对于增进人们交往，联结城市文化生活，以及改进城市环境质量，都起到了十分重要的作用。

一、现代城市广场设计的发展趋势

在不同历史时期，广场有着不同的适应城市的方式，并且不断改变着自身特点。现代城市建设在经历了30年代的功能主义之后，城市的艺术性遭到破坏，再加上人口膨胀，片面追求建设规模，忽视步行感受的城市设计和建设，致使环境逐渐恶化，有价值场所慢慢丧失，城市舒适度日益降低。随着人们认识的深入。环境意识的加强，人们开始寻找那些"失落的城市空间"，力求改善人的空间质量，从而改变人的生活质量。在此背景下，广场建设日益活跃。从城市规划建设上看，它的设计应与城市的复苏和更新同步。城市的复苏和更新对于塑造城市空间体系是一个契机，故应把广场设计组织进城市空间网络中，将它与城市线型空间和城市地下空间的建设进行统筹安排考虑。由于社会发展，新城建设在所难免，但因历史与文化是人们感受城市特定价值的重要内容，所以对具有历史意义的广场注入新用途时，保证其连续性，与自然，人文环境取得协调十分必要。其中影响设计及发展的因素主要有两个方面：一是原有的历史建筑物所固有的文化及象征上的特质；二是对这些旧建筑赋予新的功能或应用新的城市设计手法后所产生的矛盾，而关键是如何维持其特质，如何在城市系统中建立一种有机的介入，并发挥作用，使之焕发活力。西班牙卢戈市索莱达广场的修复给我们提供了一种思路（图1～2)。设计者出于对该区域文化和历史的深刻理解，运用最简洁的手法塑造了该空间。该广场历史悠久，是典型的中世纪不规则开敞空间，周围建筑依据不同美学标准建造，所以总体不甚和谐，曾一度做为停车场。设计者运用抽象的几何形、多种材料等协调的手法使广场取得了统一感。

广场从内涵上看，已不只是一个纯粹的三维物质开敞空间，它应赋予城市以稳定和秩序，并具有社会凝聚力，其宗旨是为现实的人以及人在广场中的活动服务。人是主角，它是供人表演的舞台，是一个深入到人心理、行为、文化等方面的行为环境，是人类环境共生的体现，以"符合人类环境和人的心理环境这两方面要求"。②

从外在表现形式上看，它正在向多元化方向发展，表现出规则与不规则、几何形与有机形的共存，建筑与自然的结合，并以多样的内涵和表达方式体现社会需求。

面对21世纪，广场设计不仅要满足人们一般性功能要求，还要满足一种高品质文化生活的需求，这样人们才能拥有满意的生活。国外最近优秀的广场设计都回应着历史、文化、物质特征及场地使用者的要求。一些手法和做法值得我们借鉴，如文丘里设计的威尔康姆广场（welcome square）体现了他的主旨：设计要获得深度需借用一些符号及历史背景(图3～4)；

而巴塞罗那从 1980 年开始其重建工作，就聘请了许多艺术家为其广场环境进行设计，为居民提供了具有高品质文化内涵的场所（图 5）。

图 1　索莱达广场

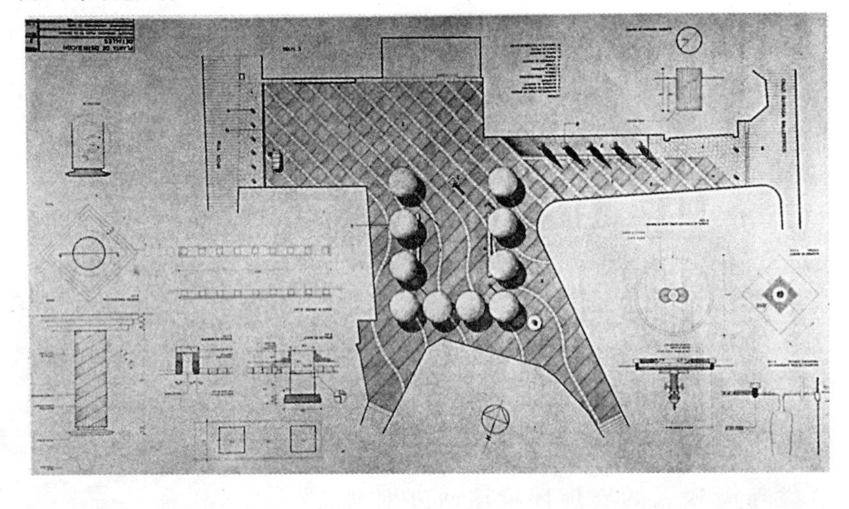
图 2　索莱达广场

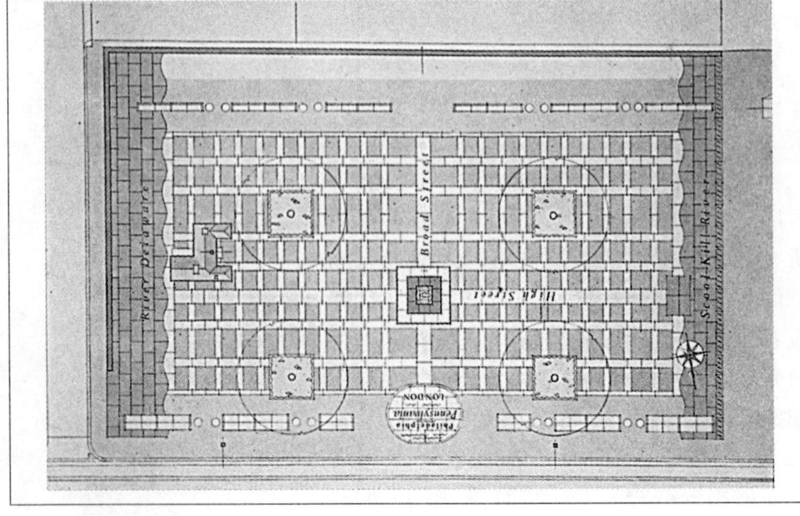

图 3　威尔康姆广场

二、我国现代城市广场设计现状

目前我国正在大力进行城市建设，城市空间特别是城市广场的建设越来越引起决策者的重视。但从建成的广场来看，存在一些问题有待提高，具体表现在：

1. 广场设计缺乏与城市总体空间环境的联系。城市公共空间处于无序状态，基本上是散点状。广场设计只注重本身，而没着眼于整个城市外部空间形态上。所以大多数广场从形态上看，不具积极空间性质，无法成为城市的一个结点。

2. 广场多为交通广场，缺少休闲娱乐广场。交通广场因处于交通干道交汇处，其环境质量以及难达性等弊端使它难以满足人们交往、聚会需求，真正为居民服务的广场却凤毛麟角。另外现在政治集会广场增多，即以政府大厦为中心的广场增多。因政治需要及周围建筑性质所限，广场多显空旷，除少数游客光顾外，对城市居民而言，它也不是一个理想场所。

3. 广场尺度过大，缺乏围合感。50 年代广场设计追求大空间、大尺度，以此表达一种气势，而实际感受却是单调乏味。如 50 年代设计的方案：苏州市中心广场 6.5hm^2，济南市中心广场 7.5hm^2。而建成广场，如天安门广场 40hm^2，太原五一广场 7hm^2。现在这种趋势仍未减弱，如威海荣成市政府广场之大足与天安门广场相媲美，已建或将建的市政府广场如锡山市、常熟、武进、宿迁等地，也莫不如此。造成这种情况的原因，设计部门、政府部门都有责任，主要是一部分领导片面追求业绩所致。

4. 广场设计缺乏对人的关怀，没有意识到人是空间的主角，也是场地的主角，缺少对人行为、心理研究。试问一个连遮阳的地方都没有的广场，除了几张坐凳之外，无任何辅助设施的广场如何能吸引人，给人以舒适感。

5. 广场设计缺少细部处理。具体表现在地界面及小品设计不够细致深入，对它们与广场及周围建筑的关系，诸如色彩、形体关系，也缺乏研究，致使广场色调灰暗，缺乏亲切感，广场也就失去了特色。

应该说，我们现在广场设计存在的根本问题在于只是从物质基础进行限定，而不是从公众的生活和文化出发。况且目前处于商品经济社会，整体环境被蓄意忽视。

在此观念下，政府部门更应完善、修订现行建设政策，严格执行已定法规、法令，并充分认识到问题的重要性和迫切性，才能从根本上解决问题。当然，光靠政府强制是不够的，还应提高公众素质，鼓励他们参与，增强他们对环境品质的认识，这样才能反过来促进投资者和设计师，使之对广场及环境设计更为重视。

三、现代城市广场设计原则

一个广场设计要想取得成功，应遵循以下原则：

（一）整体性原则

法国哲学家丹纳在其《艺术哲学》一书中指出："也许个别的美也会感动人，但真正的艺术作品，个别的美是没有的，唯有整体才是美。"

整体性包含两方面含义：一是广场设计应纳入整个城市公共空间网络中，对它的考察应先从它所处的高一层次的环境系统开始。在整体关系中确立其主导或配角地位，并与周围环境的空间形态或设施布置上保持连续性，如马德里的一条南北走向大道，将广场、步行道、人们的休闲和表演全部纳入其中，可以说它是许多广场和街道联结而成的。正缘于它的统一设计，人们才称之为艺术大道。

另一方面，广场本身也应具有整体性，建筑、空间环境和人应融合成为一个有机整体；各构成要素要符合场地使用的主特征及氛围；并应明确主次，有主、配、基调之分，秩序井然。

（二）尊重自然景观原则

一个环境的品质，不仅要从人的立场来衡量它的可居度，而且更要考察人与大自然的协调及平衡性。作为设计，首先就应自始自终建立在场地的原有特点之上。美国风景建筑学家奥姆斯特德认为设计要尊重一切生活形式所具有的基本特性，尽量不去改变场地。如果当人的设计与自然相协调时，其结果将呈现出自然的魅力。如罗马市政广场的设计充分考虑了地处高地的特征，一改以往广场四面封闭的特性，向坡下绿地敞开，成功地将自然景色引入广场。再如某些现代广场更是着力使人感受自然所带来的震撼力，如"光之道广场"（图6）。

图4　威尔康姆广场

图5　巴塞罗那某广场

图6　光之道广场

（三）平衡原则

1. 开敞与封闭之间的平衡

卡米诺·西特（Camillo Sitte）在其所著的《城市建设艺术》一书中，通过分析大量中世纪广场实例，反复强调围合的重要性，认为广场设计成功要注意两方面：它们局部围合；它们也相互开放，彼此沟通。克莱尔·库珀（Glare Cooper）的研究也表明：人们寻求的是部分围合部分开敞的地方。

2. 公共空间和私密空间的平衡

任何公共或私密性的生活都是相对的，相互依存的。且人的需求是多样的，这就要求一个广场必须包含这两类空间，在它们相互调节和补充下自然达到平衡。

3. 复杂与简洁之间的平衡

复杂一般易产生丰富感，而简洁易给人力度感。但复杂也会变成杂乱无章，简洁也会变成单调。60 年代美国的一些广场设计有一种倾向，即堆积太多小品，有人称之为“过度设计”，③而我们现在的设计也有了这种发展趋势，而简洁成单调，

图 7　鲁菲诺·塔马约广场

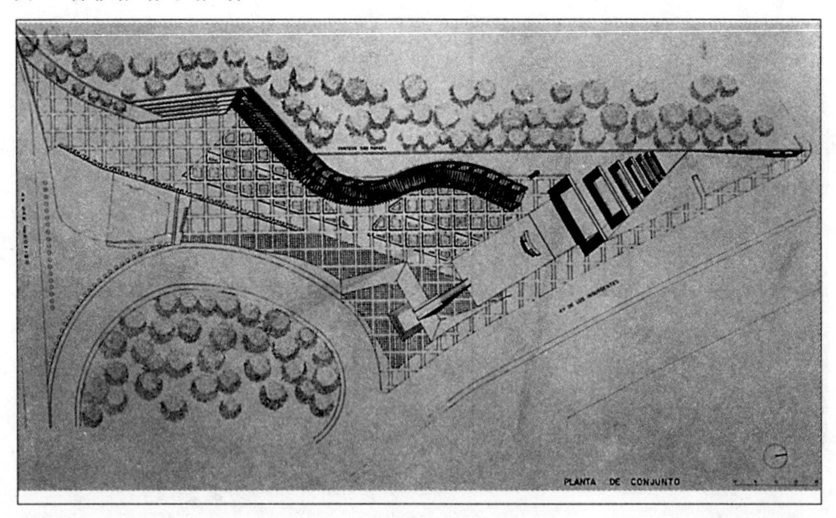

图 8　鲁菲诺·塔马约广场

是我国大多现存广场的通病。意大利广场简洁至连株树木都不种，但仍旧是人们生活的场所，其关键在于简洁的是形式，而功能是复杂的，与周围环境的关系是连续、统一的。

4. 持久与可变之间的平衡

一个广场的形成需要一些持久稳定的因素，因为它必须限定成一个独立区域，需清晰的边界，但它的限定方式及细节部处理应具有灵活性、可变性，这样才能适合不断变化的人和活动。另外设计者还要充分认识到某些元素的“潜在功能”，以增加空间活力，提高场所的使用效率。

(四) 场所感的创造

人们对场所的感知包括空间形态和场所特质，对空间形态的把握可使人产生方位感，可以明确自己与环境的关系；而对场所特质的感知则产生认同感，使人把握并感知自己生存的文化，产生归宿感。这种场所感的创造需要广场有围合感，要具有可识别性，具有文化特性，使形式与人活动时的心理状态相吻合，这样才能与其它场所区别，在人内心留下印象，支持人的活动，才能为人所接受。莱昂（Teodoro Gonzalez de Leon）设计的鲁菲诺·塔马约广场（Rufino Tamayo Square）综合了传统的墨西哥价值观念及新近流行的前卫派艺术形式，表达了对鲁菲诺·塔马约④的敬意，揭示了景观、绘画、建筑三者之间内在的联系，抓住了空间、自然的本质。广场位于一带形场地上，有 4 个基本要素：一个种满树木的斜坡，它包围着广场，使广场各部分产生联系；一条弯曲的廊架指向瀑布，产生光景变幻；一组花坛，花的颜色有鲜黄、橙、红和紫，这些颜色曾被塔马约用来描绘墨西哥的解放及墨西哥文化；一个纪念性的瀑布，它沿斜坡布置，用七个独立的框架，创造了深景透视，使后面的瀑布看上去更为壮观。该广场被认为是超越了自然和建筑，是与艺术完美的结合(图 7～9)。

(五) 多样性原则

首先从外在形态上应强调多样性。因为地理气候、地形以及人文因素影响，它应呈现出多姿多彩的面貌，以体现出地方特性。如美国菲尼克斯某广场的改建，设计者为降低炎热气候对广场的影响，设计了帐篷结构，利用太阳能和水来降温，使

之成为联结文化和传统的中心。同样，不同区域的文化也影响着广场设计。所以我们应根植于本民族文化和气候的影响，结合不同地形特点进行设计。

其次从内容上看，生活的多样性使得人的活动与环境之间已不存在一一对应的模式，人们寻求的是一种能包容更多活动可能的环境，而且广场更应是各种年龄结构和背景的人们进行社会活动的场所，所以它应是一个复杂多样的具有可塑性的系统。这就要求首先它有相应的主题与围合它的建筑本身的内容相呼应；另外还要有相应的使用密度，即要有生动、多样的活动吸引人的注意。简而言之，围合广场的建筑的功能应多样性，广场为人参与活动提供多样性选择。

(六) 通达性原则

它要求广场处于人的视线可及范围内，在行走过程中，可感知广场的存在；其次交通便利，使人易于到达。一个成功的广场，它的一边或两边一般都会与公众步行道相连，这样公众会认为它是街道的一种延伸；它还要布局清晰，使人明确广场的空间结构。不会丧失方向感。围合广场的建筑应对广场开放，这样场地才能有高效使用的可能。这就要求建筑的功能具有公众性，大多数公众可自由进出。

(七) 小型化原则

对于新建的广场，要严格控制尺度，避免大而空的现象，对于已建成的大空间，除极少数政治性广场，要尽量化大为小，对其进行二次空间划分。因为小广场易具有良好的围合感和向心感，广场尺度近人。以波士顿柯布雷广场为例，它的1985年的改建方案一至三名均利用树木，将广场划分为三至四个空间，每个空间均各具特色。

(八) 步行化原则

这是广场形成良好效果的前提条件。自50年代西方出现步行商业街以来，步行化已成为一种原则。步行化不只是车辆不准进入该广场，而且还应改变道路包围广场的模式，同时它还需广场与周围建筑建立真正的步行体系，与市中心商业步行体系相联系，但应尽量避免使用地道、天桥作为联系桥梁，因为它们易使人望而却步。只有这样才不至使广场成为孤岛。

图9 鲁菲诺·塔马约广场

四、现代城市广场的设计方法探讨

具体的广场设计要从场地分析、空间的围合和组织、广场的交通设计、硬质地基面设计，硬质垂直界面设计，环境小品设计，临街小广场等多方面进行了研究，其中，场地分析、空间的围合和组织、环境小品设计三方面尤其值得重视。场地的分析和选择是广场设计的立足点，也是一个广场取得成功的前提条件；而空间的围合和组织是一个广场的基本骨架，是其形成的必要条件；而环境小品设计，可增加广场活力，是衡量环境舒适程度的重要因素。

(一) 场地分析

场地分析，除了要对基地地形进行分析研究，确定哪些可利用，哪些要改造之外，同时还要对周围环境进行分析，以确定广场所处的位置是否合适，这主要要看以下两个方面：

1. 是否与人行道系统相连通，普什卡廖夫（Pushkarev）和祖（Zupan）对纽约的布拉夫广场（Burroughs）和CBS大厦前广场进行了调查，发现前者有53%的行人穿越或逗留，而后者仅有18%。研究表明，只要广场与人行道相连通，那么就会有30%～60%的行人穿越或使用它，当广场越大或是位于街角时，人的使用率越高；而当广场狭窄或广场与人行道之间存在障碍时，使用率就会下降。

2. 基地周围建筑的状况：最好的广

场位置是能吸引各式各样的人，这就要求广场四周建筑的组成和街区的文化影响具有多样性，它所吸引的人中最好有当地居民。怀特（whyte）曾提议广场周围建筑50%应为商店、服务性行业。而1984年的旧金山市中心规划条例允许广场20%面积可用于旅馆室外空间，其目的就在于此。

同时还需注意以下问题：

1）研究临近的公共空间，以明确新设计的广场可能是受欢迎的，还是多余的。可以服务半径270m或考虑人一般可忍受的步行距离400~500m为依据来确定广场是否解决了急需。

2）确定广场的性质，它是为了表现建筑还是为了在高密度的区域中获得一个开敞空间。

3）广场的可视性如何。人在汽车或行走过程中，是否意识到它的存在。一个广场的可视性越高，使用率也就越高，它的服务半径也越大。下沉广场更应注意一点。上海南京东路华东电力大楼旁的一个沿街下沉广场，基本上无人问津，主要是可视性太差。

4）广场位置的选择还需考虑气候因素，地方气候是否为广场提供有利条件。因为人们喜欢舒适的气候，假若一个广场可用期只有很短的3个月，那么还不如选择室内空间。影响广场的气候因素很有以下几个：

●阳光　据伊娃·利伯门（Era Liberman）的研究，人们选择去那个广场因素的是首要考虑阳光的，占调查人数的25%，19%考虑距离，13%考虑舒适和美学因素，11%考虑广场的社会因素。所以广场的位置选择应考虑太阳的四季运行，

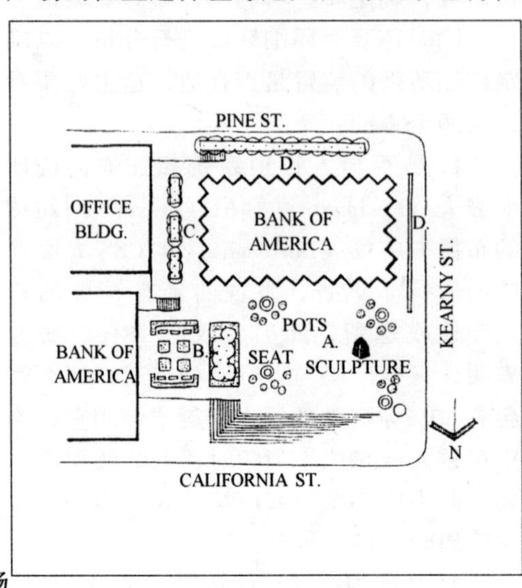

图10　甘尼尼广场

以及已建或将建的建筑对它产生的影响，争取最多的阳光。当然，当天气炎热时，阴影也是需要的，它可通过种植或周围建筑获得。有些设计者却常常把建筑使用者的要求置于广场的公众的需求之前，如旧金山美国银行办公楼前的甘尼尼广场（Giannini），为了使人在大街上就能看见该建筑全貌，结果致使广场大部分时间被这幢楼的阴影所覆盖。大面积的A部分无人问津，只起了建筑入口的作用；而C.D部分使用率最高，因为阳光充足（图10）。

●温度　12.8℃以上，人感觉较舒适，适合户外运动；而23.8℃以上人则会感觉较热。这将影响中午时人选择座位的位置，以及设计者对阴影的计算。为了夏日遮阳，除了种植树木之外，也可采用一些现代科技手段以达降温效果。

●风　在分析基地时，要对周围建筑规模和形状进行综合考察，以确定该区域风对广场的影响。以甘尼尼广场为例，它原有的一个喷泉位于A区，但没考虑到建筑之间的风，风使水花四溅，最后只得将它改作花坛。在高层区内，更应注意这点，避免高层风对广场产生不利影响。

（二）空间的围合和组织

1. 空间的围合

"任何人造场所（街道、广场亦然）的明显质量是它的围合，其特点和空间质量是由它们被如何围合而决定的。"⑤

只有围合才能形成空间，适宜、有效的围合可以较好地塑造空间形体，创造安定的环境，而围合限定空间的要素很多，可以是建筑物，也可是树木、柱廊等。但以建筑物为垂直界面围合的空间，是最易为人们所感受的。它们之间的相互关系、高度等对空间的氛围有很大影响。其围合方式，主要有四面围合、三面围合、二面围合和单向围合。其中封闭是围合的一种简易形式，但围合绝不可等同于封闭。因为人们常以可能行动的自由度和内容来衡量空间的质量，并在心理和行动上加以反应。所以我们在强调围合的同时，还应强调人在其中活动的可能性。它应是一个有充分行动自由的围合，而非隔绝。

一个场所给人的感受除了受围合方式影响外，尺度感也很重要。尺度感决定于场地的大小、延伸入邻接开放性空间的深度以及周围建筑立面的高度与它们体量的

结合。外部空间的平面尺度取决于人的生理感受：人的嗅觉感受范围 1 ~ 3m；听觉感受范围 7 ~ 35m；视觉辨识他人表情的极限为 25m；感受他人动作的极限为 70 ~ 100m。

而垂直界面的尺度要考虑 D/H 的比例关系，以及它对人心理、视觉的影响。但在现实中，尤其是在许多高层综合区中，没有足够的用地来设置满意的广场或庭院，故很难取得理想的 D/H 的比例关系，若要调整界面的尺度，可设计一个作为尺度转换的第二界面，利用小尺度的连续面、标志牌、绿化、主体建筑退层或出挑等，给予空间强烈的二次围合。古代广场大多采用连续的柱廊等，洛克菲勒中心广场则利用下沉广场的侧壁作为广场限定要素；另外也可采用改变透视情况下的形体关系，利用透视效果使主体轮廓加强或减弱，使空间变得深远或紧凑。

同时空间的开口也十分重要。因为人在户外时，除了想找一个使他的背后有依靠的处所外，还需要能眺望到这个空间之外某个更大的空间。空间开口位置不同，会形成不同的封闭感觉，如图 11 所示。A 的封闭性较差。因为建筑之间的缺口太大，破坏了建筑物之间的联系和空间的完整性。而 B、C、D 较好，尤其 D 设计成被角隅空间，兼具了封闭性。

除开口位置外，还要注意在入口处向广场内看的视线问题，肯特(Kent)的齐尔哈姆村的小广场是这方面的范例。它所有的入口引道各有一个转折，使人不能直接看到广场里边，除非走到入口处(图 12)。

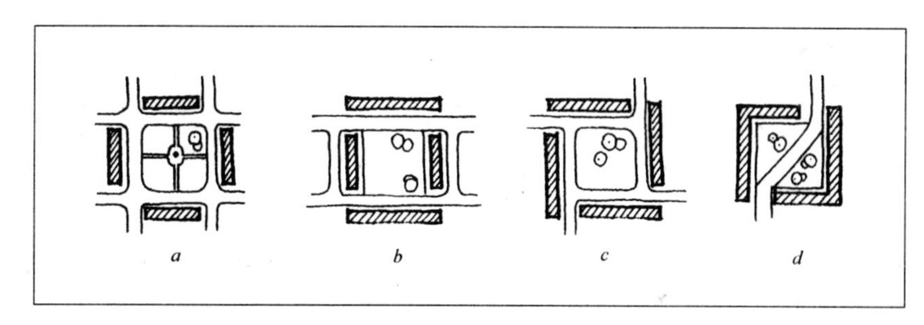

图 11 空间的不同开口

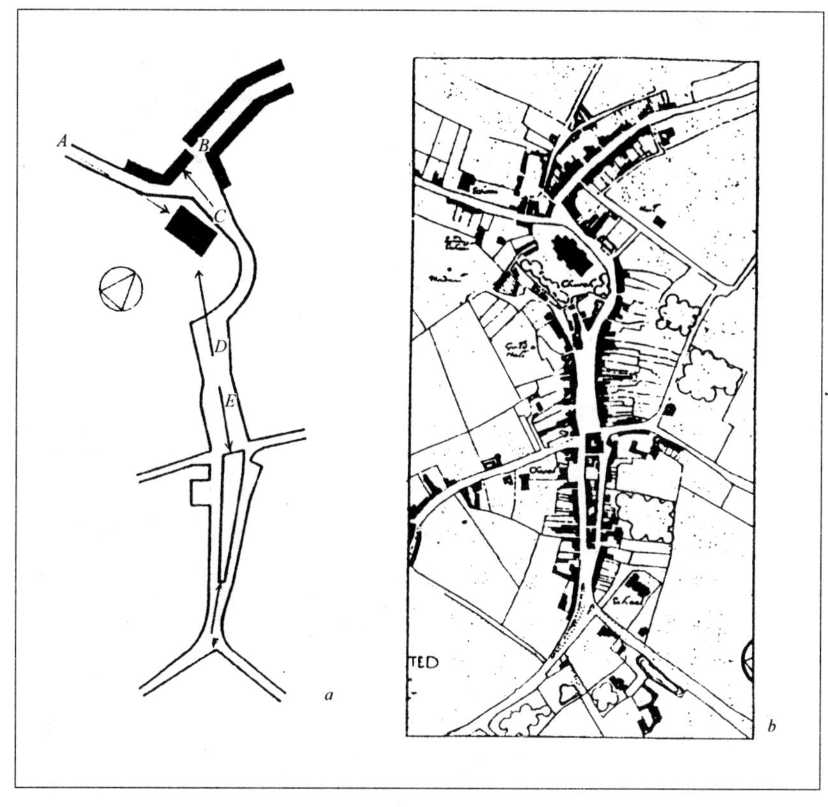

图 12 齐尔哈姆村

2. 空间的组织

城市空间的组织应形成一个统一结构，各个空间应相互连续兼容，以形成层次感和序列感，这样才能使基地内、外空间相互关联。一般可采用母题法、层次法、轴线法和序列法⑥来组织空间秩序。而作为这一序列中的节点——广场空间的组织，为了使之统一和协调，一般可采用同一法、主从法、轴线法、渐变法和同灭点法⑦，但同样要强调空间之间的对比、变化、渗透及秩序组织。空间在不同层次限定后，形成一个复合空间，可利用空间在大与小、高与低、开敞与封闭，以及不同形状、不同风格及不同主题之间的对比取得变化，辅以步行系统的组织，空间过渡与渗透等手法将各个空间联系起来，使空间群丰富而生动。

3. 对于空间的塑造，还需注意以下几个问题

（1）广场次空间的设计

广场多功能的复杂要求，使主体空间周围派生出次空间。次空间的设计应从属于主空间，不可破坏其整体性；应与主空间通透，尺度适宜，不宜太封闭。

旧金山阿尔科（Alcoa）广场出现了两个相反的例子：东北及东南角的两个次空间是成功的，它们围绕一个中心花坛布置坐椅，分割空间用的植物只及人视线高，人可通过植物观察外面；而离它们不远稍大一些的次空间，用约 1.6m 的围栏围起，给人感觉象是处在监狱里。

（2）边缘空间的设计

广场的生气常在它的边缘自然形成。对人在场所中驻足点的调查（图 13）表明：人自然会向着公共空间的边缘走去，而不会在开阔地停留。因为人乐于背后有依靠，观看别人，而不喜欢过分引人注目，这使得边缘设计的十分重要。如果边

图 13　广场人驻足点情况

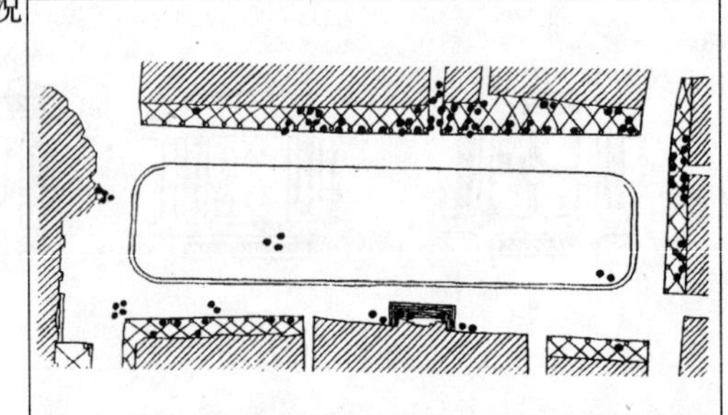

图 14　广场的角落空间

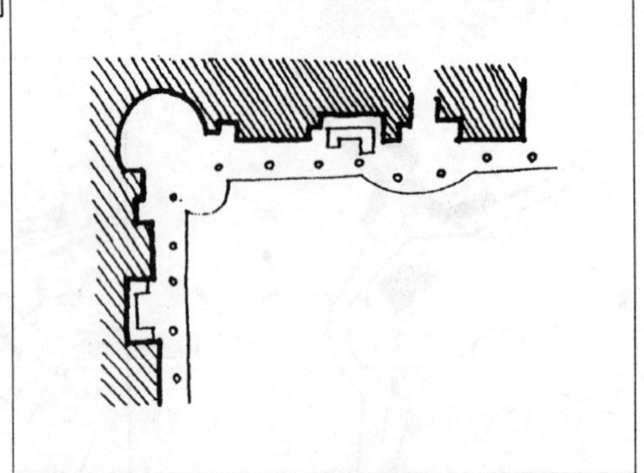

图 15　不恰当的混凝土座位，无人问津

图 16　哥伦比亚　吉伦某广场

缘空间设计得不好，这个广场就绝无生气。

当广场与人行道相连，它应是街道的延伸，这时边缘设计的好坏将影响广场的使用率。为了使从人行道向广场转换自然，边缘的界定需模糊。可利用铺地方式的不同、植物或一些可坐的墙、踏步等方式界定，使人感到它是街道的放大或缩小，便于人到达，并便于人们观看，安全性也较高。

而当广场是由建筑物限定时，就必须把建筑边缘当作一个"实体"和一个有体量的区域，以形成一些袋形空间或角落空间（图 14），这样才会使建筑边缘充满生机活力，并与周围环境融为一体。

（3）柱旁空间的设计

简·吉尔（Jan Gehl）调查发现：无论是站着的人或坐的人，都有一个明显的倾向，即靠近一样东西——房屋外墙或柱子，所以柱旁的设计十分重要。室外空间内的柱子影响周围空间的程度因情况而定。柱子不能过细，否则它就无法依靠和设靠柱坐位。当柱子独立设置时，它至少应 30cm 粗，最好为 40cm，这样柱周围才会形成一些人们可以坐下或可以靠柱舒服休息的地方。

（三）环境小品设计

环境小品可分为以下几类：

（1）便利性（Convenience）：指示牌、电话亭、钟等。

（2）功能性（Functions）：灯具、坐椅、废物箱等。

（3）舒适性（Amenity）：植栽、喷泉、雕塑等。

（4）安全性（Safety）：围栏、信号灯，禁止机动车通过的矮柱等。

它们不仅对丰富广场景观，二次限定空间以及塑造广场特色十分重要，而且它们接近公众，时刻对大多数人产生影响，是一种公众艺术，为城市生活作出积极贡献。设计中要注意：

（1）它们应成为周密思考的总设计中不可分割的要素，相互之间在形式、色彩以及布置的位置上相互协调，融为一体；

（2）它们应具有舒适性、功能性，设计中考虑人的行为习惯；

（3）它们应提供一种舒适宜人的环境，使人们可接近或触摸它，如提供相应的踏步或凸起物，或可坐靠的围栏。

（4）它们能促进人们的接触和交往。一座雕像或喷泉应具有很高的可视性，可观赏性和易接近性，这样才能促使人们聚集；

（5）它们应激励人们参与活动，成为表演者，而不是观众，鼓励人们在运动中体验它们；

（6）它们的布置应有特色，与所在的空间性质相符合。西特曾提出："一个良好的原则就是各种设施应尽可能从属于它所在的空间的性质"。它们应适应不同的环境空间（市中心或居民区），符合空间特色（公共还是私密）以及空间功能。

各个小品在广场中大多不是孤立的，

通常设计时把它们相互组合，如喷泉与雕像组合，花坛与坐椅组合，踏步与花坛组合等，这利于丰富景观，有层次感。这里选取休息设施和绿化进行探讨，因为它们在设计中容易被忽视。

1. 休息设施：

休息设施的设计是鼓励人们使用广场的重要因素。对广场而言，要促使人们聚集，开展活动，那么各种坐、斜靠或休息的地方就必须提供。

人对座位位置的选择，一般要求有充足的阳光，背后有依靠，如灌木等，并便于人观看。另据约翰·莱利（John Lyle）在哥本哈根的调查，只有靠近人行道的坐椅才会被人经常利用，而背对道路的坐椅，人使用时也常反过来坐。

人对坐点的选择有两类：一类如长椅，可称之为主坐点，另一类如草地、踏步、花坛边、短墙等，可称之为次坐点。对次坐点应充分重视。因为一个广场中不宜设置太多长椅，当人少时，座位空荡荡，会使广场显得更空旷，而次坐点会避免此类情况发生。

（1）长椅　设计应多样性：宽或窄的；有靠背或无靠背的；私密性或暴露在外或看内或看外的；为独座或多座的；向阳或背光的。

座椅设计除了要符合人体尺度、人体曲线，还应慎重地选用材料。图 15 所示，是因选用混凝土及不恰当的靠背设计，而无人问津实例。对座椅而言，木材是最好的选择，它温暖、舒适。人们对石凳不太喜欢，尤其是老年人。而混凝土、金属、石材作为次坐点的材料较适合。

（2）踏步或突出物　人通常会选择踏步。因为人喜欢坐点稍高一些，可以往下看。弧线或折线型较好些，利于人们之间的交流。调查表明：水池的角部，花坛的角部都是人们经常利用的场所。人们在角部聚集的密度大于直线部分的密度。

2. 绿化

基利（D.Keliy）认为城市环境绿化的目的不是使城市乡村化，而是使城市的拥挤得以缓和，并与城市以外的自然环境取得联系。实际上，长期以来建筑环境绿化一直是建筑的陪衬和点缀，烘托建筑主体。直至现代风景建筑学的出现，它才成为独立的景观设计，成为城市环境的一个重要组成部分，它对城市的作用并不亚于建筑本身。

绿化具有心理、生态、物理功能，就广场而言，需强调的是：

●具有空间限定功能。在平面或空间上，它是一种“活”的围墙，是一种柔性界面。如哥伦比亚吉伦（Girm）的一个广场，一个大树界定了整个广场（图 16）；

●塑造地基面功能：草地、花坛的运用，可缓和混凝土造成的冰冷的氛围，使地基面柔化，塑造地基面图案；

●隐丑蔽乱的功能：当建筑物之间新旧不一，风格迥异时，用植树林带作为缓冲过渡，可取得折衷和协调的效果；

●挡风遮阳，隔声减噪功能：利用它改善小气候，防止高层风，隔绝汽车噪声以及遮挡烈日都十分有效；

●要注重植物种类的选择，以及它们的相互组合。因为精心设计的绿化可对人产生各式各样以及不同程度的质感、色彩、嗅觉及视觉上的影响，它不仅能吸引行人走近广场，而且也可加深他们对广场的印象。尤其是对于地下广场，用种树或设置喷泉可吸引人注意，增强其可视性。

（1）树木　心理学家约翰·巴克（John Buck）创立了“房屋-树木-人”理论，仅就树木被认为具有跟人和房屋同等意义这一事实本身，就足以证明它的重要性。

现在许多广场上树木的种植多不尽人意。其中一个原因就是设计者忽视树木的基本生理需求，致使树木难以存活。树根是通过表层土吸收空气中的水分和养料的，即使表层土被地面材料覆盖，它也需从土中吸收所需。所以表层土暴露越多，根和树冠生长逾好。足够的用土体积也十分重要。另外，研究表明⑧树木连栽比单株载种植更易吸收水分。种树的土应尽量与种草皮，灌木的土相通，这样有利于树木成长。另一个原因就在于人们对树木可能形成的空间不予重视，不对之进行设计，也就无法利用它。实际上一棵树可形成户外小空间；二棵树可形成一个心理界面；几棵树可用于广场的围合。

从另一个角度来说，人和树木是相互影响，相互需求的。因为树木生长在人们喜爱的地方时，才会得到人们的重视。反过来树木也形成了一定的社会空间吸引人在其周围活动。

（2）草地　除了有助于地基面构图外，它能为人们提供更自由的休息方式，

（下转 88 页）

为21世纪培养优秀的建筑设计人才
——东南大学建筑系1999级教学计划修订方案的思考

黎志涛　权亚玲

面临世纪之交，把一个什么样的高等教育带入21世纪，是我们必须高度重视的问题，它直接关系到下世纪高等教育的人才培养质量，关系到建筑教育能否在新的形势下持续发展。东南大学建筑系在70余年的历程中，由几代人共同的努力，使办学水平达到全国建筑院系的领先地位。无论在教学成果、科学研究、教材建设、人才培养、工程设计等诸方面都取得了令人瞩目的成就。建筑系办学之所以能有今天的整体水平是与我们执行日臻周密、完善的教学计划分不开的。在国家新的本科专业目录颁布后，我们对建筑系的人才培养模式和教学体制又进行了认真的修订和讨论，以更高的办学标准和更新的改革创意，迎接21世纪的到来！

一、人才培养指导思想

高等教育说到底是对人才的培养，对学生不仅传授知识，更重要的是培养学生成为德才兼备的优秀人才，即要求学生基础扎实、知识面宽、能力强、素质高。对于建筑系而言，我国的建筑教育已明确把“合格的职业建筑师”作为培养方向，国家对建筑院校的评估也以此为标准。而我系学生毕业时可获得建筑学学士“职业性学位”，也证明了这一点。

我国既然明确规定建筑系本科培养方向是职业建筑师，取得学位是职业性学位，那么我系五年教学计划的制定就应该围绕这个培养目标进行。问题是多年来我们把建筑学专业理解为“技术加艺术”。这并不错，但这仅解释了建筑学专业本科的双重性，而忽略了学生作为未来建筑师应承担的社会职能。我们知道，现代社会的“三大自由职业”：医生的职责是处理人体内部生理与心理发展的矛盾；律师的职责是处理社会中人与人之间的法律关系；而建筑师的职责主要是处理人与环境之间的关系。因此，建筑学科之所以和其它理工学科有差别，不仅在于有艺术的要求，更重要的是在于建筑师具有社会职责。这就涉及到我们培养的人才不仅要有艺术修养、设计技巧，还需要能承担社会职责。如参与城市建设决策。项目可行性研究、设计任务书制定、经济估算分析。要能站在国家利益的立场上协调建设单位、施工单位、制造厂商、行政管理等相互之间的各种矛盾。再不能像在计划经济时代培养的建筑系学生只能画画漂亮图而已，建筑教育也不能停留在课堂教学了。

为了使学生能适应社会需要，真正担当起社会职责的重任，在培养方案上，我们一定要对学生进行比较全面的职业性训练。当然，培养一名优秀建筑师的重担不能单方面由高校承担，学生走上社会，仍有继续受教育的任务，这就需要社会共同来培养建筑师。特别是设计院也要转变观点，不仅重视完成产值，也需关注人才的继续培养。只是高等教育是有目的、有计划、有系统的影响过程，可以为学生走向社会奠定良好的基础。

针对建筑系人才培养指导思想，在职业性教育方面应涵盖四个方面：（1）自然科学和人文、社会科学基本理论；（2）建筑学专业理论和专业基础知识；（3）设计训练；（4）实践训练环节。通过上述四个方面的教育，使学生初步具备作为未来建筑师应有的素质和能力，学生通过五年的学习，修满规定学分，在毕业时可获建筑学学士职业学位，可到设计院、高等院校、研究单位、政府部门从事设计、教学、研究、管理工作，亦可继续深造攻读硕士学位直至博士学位。

二、中西当代建筑教育比较

为了使教学计划修订更有利于高素质人才的培养，了解我们与国际建筑教育的差距是有益的，从中可以有针对性地进行教学计划的完善工作。经比较，有以下几个方面需要思考：

1. 实践训练

以东大建筑系与英国牛津理工大学建筑学院、美国MIT建筑学院和香港大学建筑学系三所高校相比较，我系是五年本科毕业作为职业性学位，其中只有半年在校外参加设计实践。英国通常是本科学习五年，中间再加一年校外实践训练，共计六年才能拿到大学毕业证书，而美国通常是本科四年，毕业后再加二年半的研究生学习，拿到研究生学位后才能真正称得上是职业性学位。香港建筑学专业的学制为五年，完成前三年学业可获建筑学文学士学位，然后到校外实践训练一年后，可重新申请返校再继续完成后两年学业，毕业可获建筑学硕士学位。

从以上比较可看出，我系真正称的上实践训练的学时要比国外和香港大学要少得多。但是,要想在这一方面与国际建筑教育接轨并非易事，有体制、学制问题，也有教学体系和学时安排问题，此次教学计划修订,只能提出这一问题而已。

其次，更重要的是对待实践训练这一环节，国外建筑系是把学生真正放到设计事务所进行实地训练，不仅学习设计的工作方法，更重要的是了解设计的全部过程，以及在此过程中学会与各种各样的人，各种各样的事打交道的方法，从而在能力方面得到全面的提高。而我们的情况就不是如此，受到各种主客观原因的限制与干扰，学生并没有真正在职业性训练方面有所收获。如近几年建筑设计市场不景气，学生设计实践机会受到一定影响；又如，设计院从用学生长处着想，仅仅让学生做方案，而实际工程及能力锻炼安排较少。这就需要一方面在教学计划修订中，通过调整教学进程，把这种不利影响缩小到最低程度，另一方面要加强对实践训练环节的组织与管理，从而保证其教学目标的达到。

2. 美术教学

我们现有教学计划中美术训练的学时比重较大，而美国MIT只占2%，英国牛津理工大学基本取消了。是不是我们向国外学习，也减少或取消美术教学呢？显然目前还不能，因为我们与国外生源素质差距很大，这就妨碍了学生对主干课程的学习，甚至很难培养起作为未来建筑师的素质与修养。因此比较中西建筑教育，要从国情出发。当然，我们并不是因此而加大学时，而是如何围绕职业性训练改革美术课程的内容和方法，这是修订教学计划时应予以考虑的。

在新的教学计划中，我们明确了美术训练的宗旨是：有利于奠定学生学习主干课的基础；有利于提高学生作为未来建筑师的素质与修养。我们的作法是：将美术课与“视觉艺术设计”结合起来进行教学改革试点，其次，在高年级增设艺术修养选修课和实践课，使美术教学自成体系。

3. 关于过程教育

过程化建筑教育是美国一些建筑院系教学的突出特点，他们引导学生在学习建筑及其设计中，注意突出其过程认知，强化其过程训练，强调其过程表现和表现过程，从而在一系列过程化教学中促进建筑教育目标的具体实现。特别是高年级的专业性过程化教育训练，更加体现了它的社会性、实用性和职业性。因而培养出的人才更能适应社会需要。因为，这种过程教育的思想基础是能力教育和素质教育，它优越于我们单纯的知识传授和重视设计结果的应试教育。就建筑学的培养方向而言，前者引导学生通过知识获取着重提高分析解决问题的独创工作能力，而不是只强调“图上功夫”。因此，只有通过过程化教育，才能实现培养人才的目标。我们在修订新的教学计划中，不仅完善课程体系，更着力在过程教育的方法上加大研究力度，努力按科学的教育方法培养优秀人才。

三、对现行教学计划的分析

目前我系现行的教学计划是经过长期的实践，并通过两次全国性专业教育评估而得到肯定的教学计划。但是，随着建筑教育形势的发展以及对人才培养模式的更新更高要求，现行的教学计划在某些方面需要重新审视和修订，主要反映在：

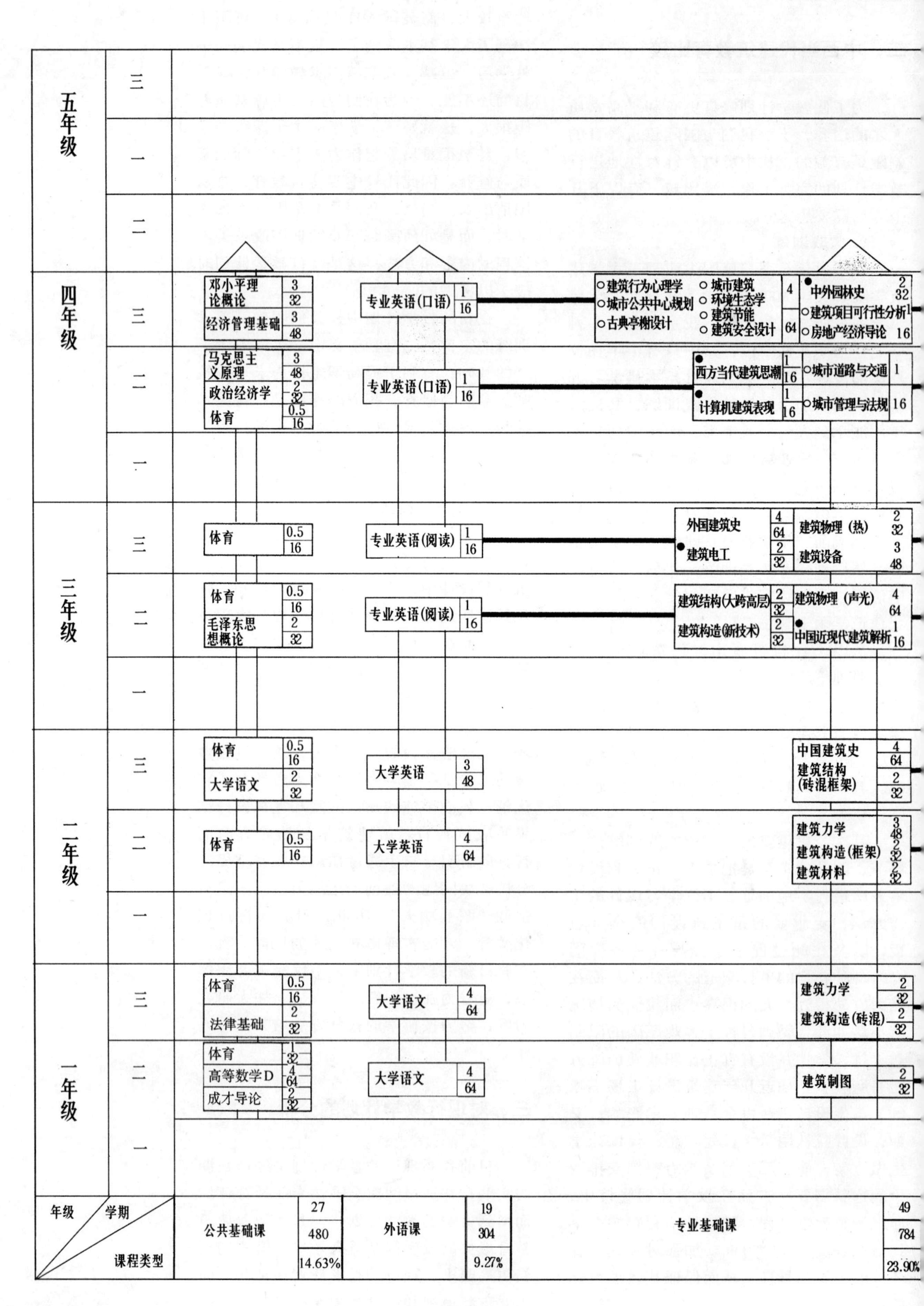
五年级
三
一
二
四年级
三
邓小平理论概论 3 32
经济管理基础 3 48
专业英语(口语) 1 16
○建筑行为心理学
○城市公共中心规划
○古典亭榭设计
○城市建筑
○环境生态学
○建筑节能
○建筑安全设计
4
64
●中外园林史 2 32
○建筑项目可行性分析
○房地产经济导论 16
二
马克思主义原理 3 48
政治经济学 2 32
体育 0.5 16
专业英语(口语) 1 16
●西方当代建筑思潮 1 16
●计算机建筑表现 1 16
○城市道路与交通 1
○城市管理与法规 16
一
三年级
三
体育 0.5 16
专业英语(阅读) 1 16
外国建筑史 4 64
●建筑电工 2 32
建筑物理(热) 2 32
建筑设备 3 48
二
体育 0.5 16
毛泽东思想概论 2 32
专业英语(阅读) 1 16
建筑结构(大跨高层) 2 32
建筑构造(新技术) 2 32
建筑物理(声光) 4 64
●中国近现代建筑解析 1 16
一
二年级
三
体育 0.5 16
大学语文 2 32
大学英语 3 48
中国建筑史 4 64
建筑结构(砖混框架) 2 32
二
体育 0.5 16
大学英语 4 64
建筑力学 3 48
建筑构造(框架) 2 32
建筑材料 2 32
一
一年级
三
体育 0.5 16
法律基础 2 32
大学语文 4 64
建筑力学 2 32
建筑构造(砖混) 2 32
二
体育 1 32
高等数学D 4 64
成才导论 2 32
大学语文 4 64
建筑制图 2 32
一
年级
学期
课程类型
公共基础课 27 480 14.63%
外语课 19 304 9.27%
专业基础课 49 784 23.90%

系网络表　　表1

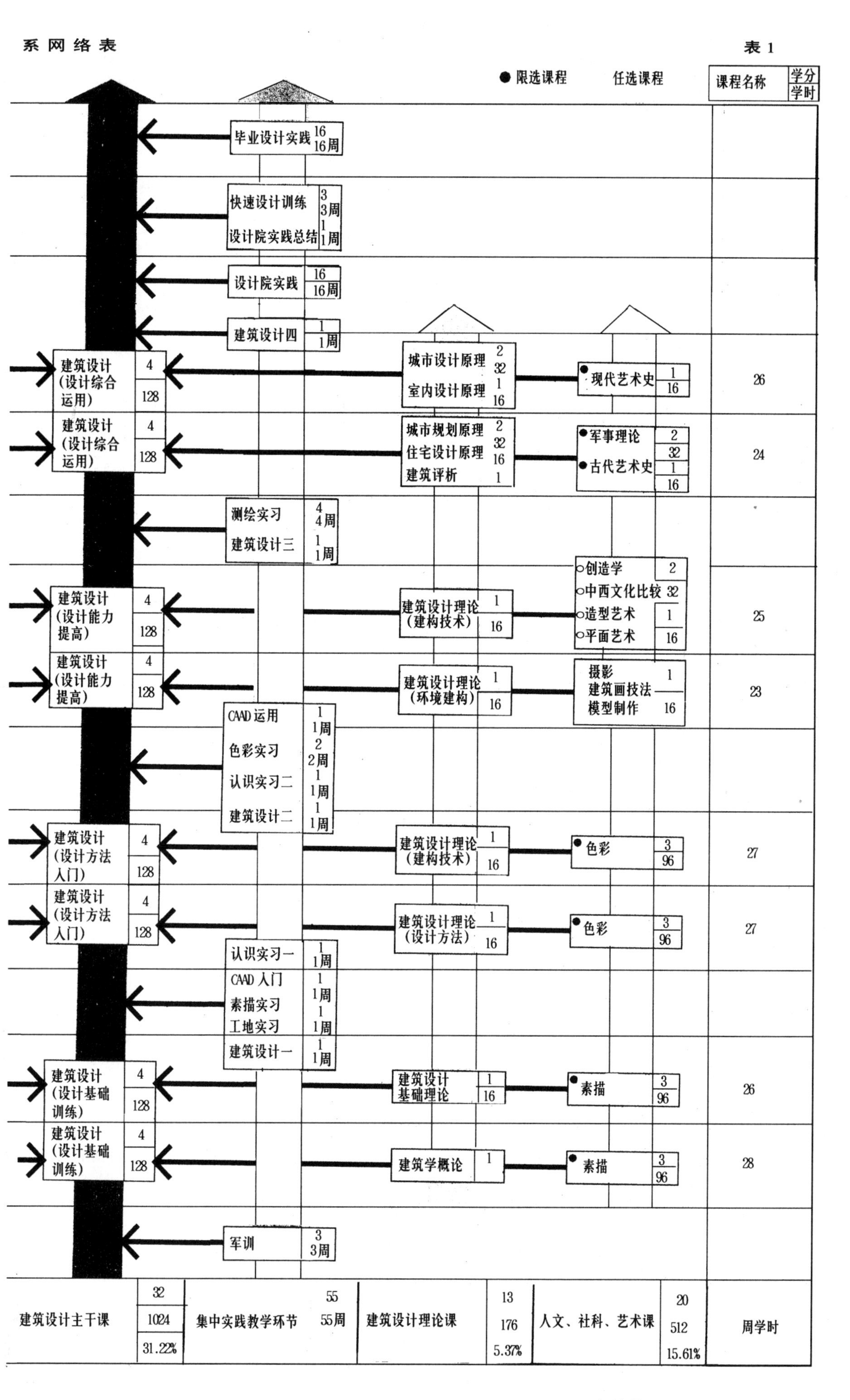

总学分：218　总学时 3280

建筑设计课程教学计划 　　　**表 2**

年级	教学阶段	教学目的	课题	重点要求	周次
一	设计基础训练	·通过感性认识到理性思维使学生掌握如何观察、理解和设计建筑及其环境	小制作	从生活中认知设计	1
			校园认知	初试用建筑的语言——形式空间来表达建筑要求的方法	2
			人体尺度	从自身出发，开始体验设计尺度	0.5
			人的行为	了解人的行为尺度以及不同尺度空间围合对人心理上的影响	0.5
			环境设计	通过从想法到具形的过程，凭借一定物质手段为人创造特定行为要求的空间，并训练学生用器制图	4
			建筑测绘	通过实测小建筑，使学生深入体会和认识建筑物质构成的各要素，分析理解建筑空间构成原理，熟悉建筑空间设计中功能布局，流线设置及尺度考虑	1.5
			小商店设计	了解设计过程，并训练对空间的想象力	6.5
			建筑先例分析	掌握进行建筑分析的方法，了解环境、空间、流线、功能等各要素的有机关系	2
			专家宿舍设计	学习空间设计与环境、功能设计结合的方法，并训练渲染技法	11
			校园标志设计	了解设计造型与结构、材料的基本关系	3
二	设计方法入门	·掌握正确的设计思维 ·掌握正确的设计方法	茶室设计	建立环境设计概念	8
			别墅设计	建立生活设计观念	8
			幼儿园设计	学习由内向外的生长设计方法	8
			图书馆设计	学习由外向内的模数设计方法	8
三	方案能力提高	·提高方案设计能力 ·提高方案设计质量 ·提高方案设计效率	商场设计	掌握大空间设计方法	8
			美术馆设计	掌握博览建筑“三线”设计原理与方法	8
			剧场设计	掌握视听设计原理与方法	8
			大学生设计竞赛	充分发挥设计潜力，参与竞争	8
四	建筑综合设计	·重视方案设计中的技术问题 ·重视从群体到单体的整合与互动设计	小区规划	了解小区规划设计原理与方法	8
			住宅设计	学会运用结构、水、电、构造的知识综合进行建筑设计的方法	8
			城市设计	了解城市设计的原理与方法	8
			高层宾馆设计	学会高层建筑设计的原理与方法	8
五	建筑设计实践	·体验建筑师工作 ·提高解决工程实际问题的能力	设计院实习	学会施工图设计方法，了解建筑师工作环境	18
			毕业设计	运用五年掌握的专业知识，学会解决实际工程问题的方法	16

1. 五年制课程体系围绕培养目标尚不完善

正如前述，我们所培养的人才，应在能力与素质上得到加强，但现行教学计划偏重于学生对知识的掌握，考核方面强调结果。而对于过程教学比较忽视，造成一些课程的教学大纲不够明确，如主干课很重视培养学生的方案能力，却忽视了培养学生作为建筑师应具备的素质与修养，因而各年级只强调自身所要达到的教学目的，却未考虑前后年级设计教学对自身的影响。而主干课从整体上如何达到培养目标却未能得到重视，造成各年级彼此缺乏衔接，这也是专业评估中对我系教学的中肯意见。

又如，美术课教学仅仅是作为一种技法传授，以帮助学生更好地表现设计成果。但是，通过美术教学以提高学生的艺术修养和素质却比较含糊，因此该课程不但始终不能建立自身的教学目标，也不能使学科得到拓展。

2. 主干课程的地位还不够突出

主干课——建筑设计虽然在学时上占有很大份额，但这并不表明，它所处的主导地位。表现在各门专业课程虽然也注意到它们与主干课的主从关系，并在教学进程中得到较合理的安排，但仍出现各专业课争学时，学生作业负担重的现象，并产生相互影响的恶性循环，主干课因此而受到削弱。

其次，各专业课由于受到周学时的限制，在授课计划上还不能随着建筑设计的进程进行更为合理的安排，如中国建筑史安排就稍嫌迟了些。

3. 主干课程——建筑设计缺少理论课体系的支撑

在现行的教学计划上，有关系列的建筑理论课程显得很苍白，这是历来教学计划的薄弱环节。这反映出教学观点、教学方法的片面性，也是传统经验教学的不足之处。现代建筑设计的发展使我们认识到没有理论指导的设计，仅仅是一种随意性的设计，人才的潜能也不会得到挖掘。因此，这一问题在新的教学计划中必须得到修订。

4. 现行教学计划体系不明晰

这个问题表现在两个方面，一方面是各类课程自身按五年制的纵向体系不明晰。如主干课——建筑设计在各年级之间究竟如何衔接，没有统一认识，造成各自为政，反映在课题设置上问题较多：课题贪大求全，课题设置目标不明确等等。美术课没有作为艺术修养系列进行安排，外语教学四年也不成体系，设计理论课体系更是空白等等。另一方面，各课程按年级围绕主干课的横向体系也不明晰。因此，所有课程在 X 轴与 Y 轴两个方向上的网络体系需要合理的整合。

5. 现行教学计划对市场经济的适应与应变能力在某些方面较差

在改革大潮中，建筑教育必然要受到社会环境的影响，它推动着建筑教育的发展，同时不可避免地受到某些干扰。如考研，求职这两种社会现象已经冲击着教学秩序，影响着教学质量，最终不利于人才的培养。现行教学计划对这种来自外部的影响是无能为力的，尽管是暂时的，但也不能等闲视之。

四、教学计划修订内容

1. 明确建筑设计主干课各阶段的教学宗旨和目标，建立承上启下的完整体系，改进建筑学专业评估中提出的各年级教学衔接存在不紧密的问题。

2. 增加一至四年级建筑设计理论课系列，并与建筑设计课教学进程同步展开。

3. 改各专业基础课与建筑设计同步运行、产生滞后效应的状况为提前一学期授课，以便做到学以致用。

4. 将设计院实习调至五上，原五上的课程调至四下，以避免学生考研，求职对正常教学秩序的干扰。而设计院实习从七月份开始至 10 月底，把暑假调至 11、12 月，既保证设计院实习可正常进行又使学生安心在 11、12 月复习考研或求职。并将五年级第一学期安排的“快速设计强化训练”调至 12 月，为学生考研、求职进行应试准备。

5. 从专业、素质教育考虑，完善艺术修养课程系列，增加相关选修课，并将美术教学与建筑设计教学紧密结合发展为视觉艺术设计。

6. 完善计算机和英语课程的系统性。

五、新教学计划的特色

1. 以建筑设计主干课为核心课程的

课程网络体系明确，主干课自身各教学阶段的人才培养方式得到整合

建筑系课程网络体系详见表1。从表中可以清晰地看出各课程体系一至四年级的纵向关系，而且都是围绕人才培养目标而展开进程的。横向关系也可清楚地看出随着主干课的进程，各类课程和实践环节在何时介入。而建筑设计主干课分为“设计基础训练”、“设计方法入门”、“设计能力提高”、“设计综合运用”、“设计实践参与”五个阶段，其教学目标的系统性与培养手段的阶段性是十分明确的，而相互之间的衔接关系也得到整合，既保持了循序渐进的传统教学特色，又加强了现代教学的理论手段。

从建筑设计教学模式表中（表2），更可以看出对学生能力与素质培养的途径、方法，各课题设置的系统性更强，内容更科学。

2. 建筑设计主干课程的理论框架体系完整，符合宽口径培养人才的需要

在新的教学计划中从一年级开始就设置建筑设计理论课直至四年级，使学生从一开始就懂得建筑设计理论的重要性，并且紧紧围绕建筑设计主干课的进程展开教学。在方法上，“建筑学概论”课拟由八位博导及院士给新同学授课，分别阐述建筑学科各领域的概况和浅显的理论与常识，使新同学从第一天起就对本专业有一个较全面的了解，进而产生兴趣。在高班，“建筑评论”采取讨论与论文形式，让学生学会运用理论评述建筑现象，以此进一步提高学生的理论水平。

该理论框架还包括了各类设计原理课，以建筑设计原理向两头拓展，包括城市设计原理、规划设计原理、景园设计原理直到室内设计原理，以及规划专业和其它新学科课程，以此拓宽专业口径，使人才培养更好地适应社会需要。

3. 职业性训练环节突出

为了培养学生作为未来优秀建筑师应具有的素质与修养，新的教学计划对于实践性教学环节特别强调对学生各种能力与素质的培养，这些能力包括基本功的设计能力，表现的动手能力，解决实际问题的处理能力，对建筑现象的评判能力，对设计条件的调研能力，对微机的运用能力，对优秀建筑遗产的测绘能力，对分析设计矛盾的思维能力，对设计构思的创新能力等等。上述能力与素质的培养方案通过各实践环节的具体教学大纲得到明确和加强，其考核方法采取调研报告、论文、设计成果、答辩等形式进行。

4. 对市场经济条件下的适应能力更强

鉴于近几年五年级教学秩序难以维持的局面，新教学计划对原高年级教学进程做了较大变动，其目的一方面使一至四年级的理论与实践教学能够得到正常运转，另一方面也使学生能适应考研与求职的现实，使学生认真学习与解决出路两不误。

六、对人才培养方案实施过程中可能出现的问题的预测

1. 建筑系人才培养方案要求有较高起点的生源素质，即新生应具有学习本专业的发展潜力，包括兴趣广泛、空间理解、创造性思维、艺术修养等等，如果生源不具备这些条件，则人才培养方案有可能难以实施或者实施起来难度较大。因此，为了实现人才培养目标，相应改革招生制度和方法，以便有利于选拔更适合进入建筑系学习的考生。近两年我系已进行了有益的尝试，得到中学考生和有关上级主管部门的支持。

2. 某些实践教学环节常常受到客观条件的限制，如经费问题，测绘单位联系问题，设计院实习中教学与工作的协调问题，等等，如果不能满足教学要求，对人才培养的实施有可能产生不利影响。

3. 考研与求职两项指挥棒，如果国家不从根本上解决与教学的矛盾，仍然存在对教学冲击力，则人才培养目标将难以实现。

4. 建筑设计人才的素质培养，是潜移默化的熏陶过程，需要环境教育这个特定的硬件条件，如足够的教学空间（包括专用教室、评图室、模型制作室、陈列室等）、丰富的图书藏量、教学实践场地等是必不可少的。倘若这些条件满足不了教学要求，则人才培养将受到限制。

黎志涛，东南大学建筑系副主任，教授，博士生导师

建筑设计教学的学术性及其评价问题

顾大庆

一、科研型大学体制下建筑教育的重新定位

1. 科研型大学体制下建筑教育的困境

我国建筑教育的发展愈来愈受两个因素的影响，这两个因素的形成时间其实都不太长，却是不可抗拒的和决定性的。

第一个因素是自1991年开始实行的建筑学专业评估制度。建筑教育的根本目的是向社会输送合乎专业标准的设计人材。评估是依据一个由提供专业人材的建筑学校和接受专业人材的专业团体共同拟定的纲领性文件来进行的。建筑学校必须按照评估大纲的要求来制定教学计划，定期接受评估机构组织的考核。尽管这个制度实行的时间不长，通过评估的学校也还有限，但是所有的学校莫不以通过评估、取得这张建筑教育的合格证作为办学的目标。有关评估制度对建筑教育的影响已经有大量的论述，在此不必重复。

如果说，建筑学校对评估的态度是积极响应和主动争取的话，那么对这第二个因素的态度则多少是无奈和消极的。这个因素就是大学教育向以科研为中心的体制转变。具体地说就是以科学研究的能力来作为评价教师学术水平的主要依据。其指标就是获取一定级别的科研项目和经费数额、在一定级别的专业刊物上发表的论文的数量。尽管有些学者认为建筑学专业就其本质来说不应该作为大学架构中的一个组成部分，但是现今的建筑学专业几乎都设置在大学内是一个不争的事实。大学教育体制的转变也必然会影响到建筑教育。对此，人们还只是从行政管理的角度来看待这个问题，远远低估了它对建筑学教育已经和可能会产生的影响。而且，这种影响未必就一定是积极的。我们必须对此加以重视。

以研究能力作为衡量学术水平的主要标准体现了将科研作为大学教育的原动力的基本理念。人们相信科研的进步也将最终带动教学水准的提升，这种观点主要来自于大学的领导层以及政府的行政主管部门。由此而衍生出在资源分配和职称评定诸方面以科研为中心的一系列措施。从这样一个角度来看建筑学，情形很不乐观。建筑系在科研方面的弱势在以科研为中心的高等教育体制下变得不堪一击，更由于影响到一所大学的整体科研水平常常令得大学领导层难堪不已。而且单纯的行政手段似乎并不能有效地改变这一状况。这其中是不是还有更深一层次的原因？很值得我们深思。

事实上，在计算机技术渗透进建筑学之前，建筑系很少需要大量的研究基金。而在论文发表方面，建筑学界也从来就没有发展出一套成熟的运作机制，这大概与建筑设计教学从根本上来说是以设计实践为本源有关。针对这种被动的局面，建筑系只能采用的一种策略是乞求大学当局一再降低条件，以迁就通行的标准。这样做的结果往往是愈描愈黑，反而使建筑系在大学的架构中处于一个更加不利的位置。

还有一个能量输导的问题。一段时间里，建筑系的设计教师大量投入设计实践而将设计教学冷落一旁。现在，这些设计教师又要为应付研究的评估而将大量的时间和精力花在写论文上。无论是重设计或是重研究，最终是使教师的精力分散，不能真正投入到教学中去。其结果都是把一个建筑系最根本的设计教学放在了次一等的地位。强调研究的初衷是以研究来带动

教学，而实际的情形往往是适得其反。

另一方面，科研作为评价教师个人学术表现的一个重要的指标，对一个教师的前途有决定性的作用，从而直接地改变了一个建筑系内部的人才结构。这是一个从整体上不容忽视的问题。建筑系内一部分原先就以研究作为工作基础的教师能够很快地适应这种转变，他们的工作方法被这个体制所认同，他们的工作成果可以用通行的评估方法来衡量。因此，在职称评定等类似事情上他们的优势就突显出来了。而设计教师通常不像前一类教师那样受过研究和写作的专门训练，他们平日所从事的也非研究类的工作，这些工作很难用通行的研究标准来衡量，因此，在职称评定等类似事情上他们的弱势就突显出来了。这种差异最终必将改变一个建筑系以设计教学为本，以设计教师为主导的基本格局。教师，尤其是设计教师的博士化或博士后化就是一个证明。

2. 建筑学面临重新定位的挑战

总之，建筑教育所面临的就是这样一种多少有点尴尬的处境。一方面，学科专业评估所关注的是一个建筑系的教学质量，这需要学系保证对教学的足够投入，尤其是高质量的人力投入。而另一方面，大学体制的转变将研究放在了第一位，一个建筑系为了在这样一个新的环境中生存的目的不得不努力提升研究的总体水平。如果把学科专业评估看作是一种外来的影响力，那么，大学体制的转变就是一种来自内部的影响力。很显然，这两种影响力各有其作用点。科学研究这根杠杆的支点似乎并没有放在一个恰当的位置上。在处理教学、科研和设计三者关系时，建筑系的主管们真正感到困难的是如何维持和发展设计教学的水平，如何让教师将精力放在设计教学和教学的研究上。对教师个人来说，从事设计实践和学术研究都有明确的利益驱使。而教学在这个关系中只是如何满足教学工作量的问题。所以，建筑学的困境首先是教学的困境，建筑学的危机首先是教学的危机。这其中尤以设计教学为甚。建筑学在科研型大学体制下的重新定位其本质就是设计教学的重新定位。

本文所要提出的观点是基于承认上述两个基本事实，即科研是高等教育的驱动力，建筑教育的根本目的是提升设计教学的水平。前者是一种手段，后者则是教育的目标。在手段和目标之间需要寻求一种统一的机制。它是建立于一种新认识的基础之上，即设计教学也可以被视作为一种学术活动。教学作为一种学术行为并不是针对建筑学提出的一种摆脱当前困境的方法。广而言之，如何在科研型高等教育体制下重新调整各自的位置几乎是每一个学科专业都面临的问题。在这种形势下，有些学者提出了关于学术性和学者的新概念，即所有的教师都应该属于学者的范畴，只是在学术性的体现方面各有特色。如此便将教学活动也纳入其中。当然，这种理论很可能被视为概念转换的游戏，将教学和研究这两大范畴混为一谈。就建筑学的情况而论，是不是设计教学也可以算作为一种学术行为呢？作为学术行为的建筑设计教学又有哪些特点？如何评价作为学术行为的建筑设计教学？这些将是本文所要讨论的要点。

二、建筑设计教学的学术性

1. 学术界对学术性的新认识

在80年代末和90年代初，美国的大学校园内渐渐形成一股对大学现行的教育体制进行重新评估的学术讨论。人们普遍认为在科研型的大学体制下对教学的投入不足，重视不够。教师的奖惩制度倾向于学术研究，并不能充分反映校园内学术活动的全部内容。一些大学还重新修订教师聘任和职称评定的条件，加大教学考察的权重。然而在概念上仍然存在一个无法逾越的障碍，即大学对教师有教学、研究和服务三方面的要求。教学评估和研究评估分属两个不同的范畴。厄奈斯特·巴伊尔（Ernest Buyer 1990）最先试图在理论上突破这个框框。他指出传统的观念将学者等同于研究者，把出版物作为衡量学者的学术水平的唯一标准。这种观点过于狭隘。他提出所有的教师，不论他属于哪一个学科或从事哪一种具体工作，都应该是学者。他们只是在学术性的具体表达方式上有区别。他进一步指出学术性可以大致归结为四种既相互独立又相互交错的类型，即发现、应用、综合和教学。学科和知识体系的发展与这四个环节都有关系。所谓的“发现”最接近于传统概念的“研究”，设计实践大概可以归结到“运用”的范畴内，“综合”则是指编著教科书这类的工作。

其关键点是将教学——在课堂上授课的活动——也作为学术性的一种。这就为以对一个教师的教学水平的评价来替代对他的研究水平的评价提供了可能性。但是他并没有特别地指出究竟是所有的教学活动都可以被视为学术活动，还是只有符合一定条件的教学活动才可以算作为学术活动。

2. 从建筑学的发展看建筑设计教学的学术性

学术研究在建筑教育中有着深远的传统，它源自于巴黎美术学院的学院派。正如学院的首任院长布隆代尔所指出，学院的首要任务是著书立说，其次是教书育人。学院的宗旨是向立志于成为建筑师的青年学子提供系统、全面的建筑历史和理论的教育。然而作为建筑教育之主体的设计教学似乎从一开始就没有被纳入这个学术研究的体系内。学院由教授所组成，他们的教学工作只限于理论课程，而将设计课程的任务交给社会上的实践建筑师。教学的方法是传统的师徒相授制度，即现今仍然沿用的设计工作室教学法。工作室是一个独立于学院管理体制的、由学生自主运作的组织形式。每个工作室有一位由学生出资聘请的建筑师作导师。他的任务是每周定期探访工作室，对学生的设计进行指导。学院和工作室之间通过设计竞赛和评审团制度紧密结合在一起。学院的教授拟定各种设计竞赛的题目，参加竞赛的学生先要在学院的考场内做一日的快图设计，将草图留底备案后再返回各自的工作室在导师的指导下完成发展方案和渲染表现的部分，完成的作品必须在规定的截止日期内送达学院，再由学院教授组成的评审团作裁决。“学院派”教育体制的成功之处就是将以研究为本源的历史理论教学（学院）和以实践为本源的设计教学（设计工作室）综合为一个对立的统一体。以今天的标准来衡量，所谓的学院派只是一个不彻底的学院派。

这种教育模式在上个世纪末输入美国后，被纳入了大学的教育架构之中。巴黎美术学院的学院——工作室体制在这个新兴的国度并未能得到彻底的贯彻。由于社会上的开业建筑师穷于应付繁忙的设计任务而无暇履行授徒的责任。传统的在实践建筑师指导下的设计教学不得不转移到大学的校园内，大学不但要提供作为设计工作室的空间，还产生了全职设计教师的位置。这是建筑教育史上的一个重要的、却常被忽视的转折点，即形成了建筑系内学者和实践者两种人材的组织格局。成为这个学术大家庭成员后的设计教师似乎并没有被立即纳入学术研究的轨道。恰恰相反，为了保持设计教学与实践的密切关系，大学往往会在制度上保证全职的设计教师能够继续其有限度的实践活动。大概可以说建筑系内的设计教师在大学这个学术环境中是相当特殊的一群。其特殊性主要表现在设计教师的专业训练、他们的素质和专业技能、以及他们的教学活动都与同在一个系内工作的其他教师，以及大学的其他学科的教师有很大的不同。建筑设计的教学沿用传统的设计工作室方法。在巴黎美术学院的体制下，工作室的导师们除了他们丰富的实践经验之外确实不需要太多额外的学术方面的资历，除了他们在设计工作室里辅导学生的时间之外确实不需要太多的授课准备。即使在今天这仍然是很多设计教师的工作方式。我们几乎可以肯定地说，这样的设计教学是不能够算作为学术活动的。

在巴黎美术学院的时代，建筑设计教学完全按照一个一成不变的模式来进行。以美国建筑教育早期的情形来说。全国各建筑学校的设计课题都由设计美术学院（The Beaux-Arts Institute of Design）统一拟定，以竞赛方式进行。为了使得那些缺少师资的边远学校的学生能够获得学习上的指导，宾州大学的哈伯生（Harbeson）自1921年起在《铅笔尖》杂志上发表连载文章，介绍美院设计课程的教学，后来集节成书，名为《建筑设计入门——设计美术学院的教学大纲》。这虽然只是对流行的教学模式的注释，将经验记录成文字，却是对美院设计教学进行系统的论述的重要的教学研究成果。以今天的眼光来看，哈伯生的贡献还在于证明了设计教学本身也可以成为一个学术研究课题。当哈伯生正忙于撰写其美院设计教学手册的同时，远在大洋彼岸的德国包豪斯设计学校则在建筑教育家格罗皮乌斯的带领下进行着一场设计教育的革命。尹滕、那吉、克利、康定斯基和阿尔伯斯等人对视觉造型教学的探索性实验不仅仅提出设计基础教学的新主张，而且也以他们的实际行动证明了设计教学的研究是设计教育发展的主要动力。这是一种对待设计教学的全新态度。

设计教师们不再满足于只是诠释一个既定的教学大纲和教授学生一成不变的内容，而是要发展各自的、独特的教学大纲。设计教学已经成为一种实验，成为一种研究，成为学术性的一种重要的表达方式。

综上所述，单纯的建筑设计教学并不能算为一种学术行为。它必须要有“研究”的成分。这种具有研究特性的建筑设计教学才是推动建筑教育发展的真正动力，从历史的观点来看，凡对建筑教育的发展作出重要贡献的建筑学校，都是因为其教学研究而著名。

3. 作为学术行为的建筑设计教学

教学法研究是设计教学的学术性的主要体现。就其他学科而言，知识和传授这门知识的方法是两个可以分开来进行研究的体系。采纳不同的教学法可以影响到传授知识的效率，却不会影响到知识自身的内容和结构。比如说，在医学院的教学中采纳以问题为先导的学习方法（Problem-based learning）确实取得了与传统教学法相比更佳的教学效果，但是有关医学的知识并未因此而改变。而建筑设计教学法是与特定的设计方法、设计观念密切相关的。巴黎美术学院之所以是巴黎美术学院，就是因为它作为一种教学体系包含了特定的建筑理念、设计方法，以及与此相应的教学手段，包豪斯之所以是包豪斯，就是因为它作为一种教学体系也包含了一种特定的建筑理念、设计方法，以及与此相应的教学手段。一个设计教师对形成一种独特的教学体制的学术贡献就在于发展与其建筑和教育的理念相一致的教学方法。也就是通过对设计工作室的运作方式和操作程序的不同定义使得特定的设计理念、知识体系及设计方法的传授成为可能。也就是说一个设计教师的学术贡献主要是开发有效的教学工具。

为了再进一步阐明作为学术行为的设计教学的特点，我们需要对作为学术行为的设计教学的运作规律作进一步的分析。“实验”这个在科学技术的研究中广泛运用的术语是指探索和检验新理论、新技术的过程。自从包豪斯以后，这个术语也引伸到建筑教育中来。五六十年代，许多美国的建筑学校的设计工作室都称为设计实验室。从这个角度去理解设计工作室，其中的“实验”具有两个层面的含义。第一个层面当然是设计实验，学生在设计教师的指导下探索解决各种建筑设计问题的方法，设计过程也就是一个学习的过程。此外，我们还可以把在设计工作室内进行的活动看作为一种教学实验。这第二个层面的实验实际上决定了第一个层面的实验以何种方式来进行，是一种学习过程的设计。它包括科学实验的几个基本的要素即建立假说、设计实验、实施实验、总结、验证和传播。首先，一个设计教师应该有一个预期要达到的教学目标及其实现手段的总体设想。其依据来自于建筑系的教学大纲，该教师所特定的建筑观和设计方法，以及他对设计能力发展的基本看法。然后，在这个总体设想的指导下他会依据实际的教学条件和学生的学习能力设计一套特定的设计问题以及运作的方法和步骤。这就是具体的教学计划。这个教学计划建立在若干个假设条件之上，是否能如期实现预定的目标还有待于实际教学过程的检验。教学过程中，一个设计教师应该根据学生的反映随时调整运作的方式。教学过程蕴涵着许多的不可预测的因素，设计工作室本身就是一个动态的组织形式，因此，一个设计教师在与学生交流时所面临的问题每每各不相同。而在一个教学环节或教学计划完成后，教师会对教学过程作出总结评估，以检验教学假说的正确性。这是一个记录和整理相关的教学文件以及学生的成果的阶段。有的则通过办展览和出作品集的方式进一步传播教学的成果。

综上所述，我们有了一个区别一般的设计教学和作为学术活动的设计教学的基本方法，这就是看一个教学过程是否包含了教学研究的几个要素。以实验的态度来从事设计教学，对一个教师来说就意味着比一般的设计教学多得多的投入。一个教学计划永远是处于一种变动和发展的状态，给予学生的设计课题年年需要更新，这就大大增加了课前准备和课后总结的工作量。这些都是其他的教学（包括一般概念的设计教学）所无法比拟的。

三、建筑设计教学的学术性的评价

1. 从运作机制的角度来看一种评价方法的合理性

在未有寻得一种能够反映设计教学的

学术水平的恰当的评价方法以前，一切关于设计教学的学术性的讨论似乎都是毫无意义的。如何对一个设计教师的学术表现进行公正的评价是目前困扰我们的主要问题。

建筑系的人才结构大致分为两类，即以学术研究作为教学本源的理论教师和以设计实践作为教学本源的设计教师。在大学的教育架构中，我们对设计教师的要求是他必须具备实践和学术两方面的条件。具体来说，一个设计教师需要在教学、设计和研究三方面都要有突出的表现。一个设计教师可以通过设计创作来证明他的实践能力，但是他的学术性体现在哪里？他是不是需要去做与一个理论教师同样的工作来证明自己的研究能力？

由于我们至今没有提出有说服力的证据来证明对于建筑学，尤其对构成一个建筑系的主体的设计教师的评价应该另设标准，所以现在大都是套用适用于大学所有其它学科的有关标准。这个标准的核心是成功申请科学研究基金的数量，以及科学论文的发表数量和刊登学术刊物的级别。一位学者所获得的研究基金愈多，发表的论文数量愈多，刊登论文的刊物级别愈高，则表明他的学术研究愈活跃，他的学术水平就愈高。研究基金和科学论文是科学研究运作过程中的两个重要的组成元素。一个科学研究项目的运作存在四个基本的环节，即制定研究计划、申请研究基金、执行研究计划以及研究成果的总结和发表。以研究基金和科学论文作为评价标准的合理性在于前者是对一个研究计划的学术价值和可行性的肯定，而后者则是对该研究项目的最终成果的肯定。科学研究是一个学者的教学活动的本源，研究中获得的新发现不断地充实到他的教学中去，反之教学过程中涌现的新问题又引出新的研究课题。如此，科学研究和教学活动就形成了一个厄奈斯特·巴伊尔所形容的那种良性的互动关系。因此，通过对一个学者的科学研究成果来概括他的整体学术水平就大多数学科而言是有其合理性的，评价指标的选定是符合大多数学科的运作机制的。

我们应该这样来看待一种学术性的评价方法，即它必须与学科发展的运作机制相一致。只有如此才有可能真正成为一股推动学科发展的力量。而在制定一种评价方法时，学术性的表达方式是重要的依据。通行的评价方法把研究基金和论文作为学术性的主要表现方式，与科学研究的运作机制相一致。这种方法运用到建筑学来就很值得商榷。首先，一个设计教师的教学本源主要是他的设计能力，他必须不间断地从事建筑设计的实践而不是科学研究来保持这种能力。一个设计教师往往通过提供设计咨询来获取一定的报酬。这与一个研究者获取研究经费的目的其实很相像，都有维持和发展自身的专业能力和为社会提供服务的目的，但是两者的运作机制完全不同。我们决不能以设计费的多寡来作为评价一个设计教师的指标。论文发表确实是学术性的最直接的表达方式。但是就某些领域来说，它也几乎是唯一的表达方式。对一个建筑师来说，他也许会认为建筑本身就是设计能力的最直接的表达方式。

总之，问题的核心是如何通过建立一种新的评价体制来推动建筑设计教学，我们应该从建筑设计教学的运作机制，即一种好的教学体系是通过何种途径产生、发展和传播的方面来寻求相应的评价机制。只有这样一种评价的方法才能真正对设计教学起推动的作用。

2. 建筑设计教学的学术性的表达方式及其评价方法

不论建筑设计教学如何地具有特殊性，通行的评价方法是如何地不适用于对建筑设计教师的评价，我们必须遵守学术性评价的一个基本的法则，即同行评议(peer review)和匿名评审(blind review)。也就是说，一个学者不可能自己就自己的学术水平作出评价，而是必须让他人对其进行评价。评审必须按照一些规范的、公平的方式运作，才会有公信力和权威性。因此，他必须把他的学术成果整理成可以交流和比较的形式。研究基金和论文的数量就是最典型的表达方式。但就学术性的广泛含义而言，这两种表达方式则过于局限。那么，建筑设计教学的学术性的表达方式有又哪些？以下略作分析。

论文发表和专业会议是传统的表达方式之一。以美国的情形而论，相对于其发达的建筑教育水平，也只有一份一年只出四期的建筑教育杂志（JAE)。这大概也是世界上唯一的建筑教育专业杂志。美国建筑学校联合会（ACSA）每年组织有关建筑教育的全国性会议，各地区的分会也组织各自的教育年会，还有各个专业协会的教育会议，近年来还每年组织与欧洲的建筑教育协会联合举办的国际会议。这些教学会议是发表教学论文的主要渠道。会议论文的录用大多经过匿名评审的筛选，并将论文编辑成册。尽管如此，相对于其他的学科只把在指定的专业刊物上发表的论文作为评审的依据的情况来说，建筑学是非常的宽松了。国际互联网还催生了网上杂志，为研究成果的发表提供了新的可能性。这些杂志往往以同行评议作为其学术性和权威性的标志。以我国的情形而论，似乎还没有形成一个完整的论文发表和专业会议的体系。尽管各类建筑学杂志时而刊载一些关于建筑教育的文章。目前为止尚无一专门的建筑教育杂志。全国建筑学专业指导委员会虽然每年组织一次全国会议，但是它还远没有发挥这个组织在推动全国建筑教育研究方面所应有的作用。不论是专业杂志或者是专业会议，在论文的征集和评审方面似乎都缺乏规范的运作，没有引用通行的匿名评审的方法，而都是由编辑和会议的组织者说了算。这些无疑都会降低所发表论文的学术价值。

学生对课程的评价常常被用来作为评估教师的教学表现的重要参考指标，这也是传统的评价方式之一。其实质是对教学实施的评价，并不完全能作为对教学的学术性的评价。比如说一个学数学的学生可以就自己的体会来评价所学课程的组织、教师的授课表现和学习的效果，但却很难据此对数学的体系作出是非优劣的判断。建筑设计教学的特殊性在于一个教学计划往往是有关设计教师的设计素质、学术水平和教学能力的综合体现。一个教师可以有他独特的教学方法和内容，这是学术性的具体体现。一个建筑系可以有它独特的教学方法和内容，这也是学术性的具体体现。后者还是形成一个学派的基础。教学评价只是从学生的角度反映了一个教师或者一个建筑系的教学效果，却不能反映一个教学计划和教学法的学术质量。这是因为学生往往缺乏一个横向和纵向比较的视角，又不具备完备的学科知识。但是这不等于说一个具有很高学术性的教学计划和教学法可以有很差的教学效果。这里无非是想强调有关教学的学术性的评价应该是一种专业评价，是与教学效果的评价不一样的。两者不可混淆。

既然传统的评价方法有这些局限性和片面性，那么我们又可以依据哪些证据来评议一个教学计划和教学法的学术价值呢？其主要的依据是有关的教学文件和作品集。一个完整的教学文件应该包括以下几方面的内容：关于设计教学的基本指导思想，组织教学计划的基本思路，教学计划的具体内容，具体的设计课题的设计，最后的教学效果以及自我评价等。对教学文件的评价应该属于非传统的评价方法。因为教学文件往往是未经正式发表的。其实，教学文件和作品集在建筑设计教学中有着非常广泛的运用。现在教育学家们提出把教学文件作为评价教学的学术性的主要依据在其他学科推广，也是借鉴了建筑学的做法。教学文件和作品集作为设计教学的学术性的主要表达方式的合理性还在于它是设计教师用来整理教学材料和发展新思路的一种重要的研究手段，等同于科学研究中的会议和论文的作用，是与设计教学发展的运作机制相一致的。

3. 评价建筑设计教学的学术性的实际运作

教学文件和作品集作为评价设计教学的主要手段，其实施的基本思路是运用这个有力的杠杆来推动设计教学水平的提高，把原先只是部分教师的自觉行为通过行政的手段转变为一种职业规范。只有这样，现行评价体系中对教学的“软”评价才会转变为“硬”评价。本文并无意给出一个通用的实施方法，只是借助于一个建议的方式就实际运作中的一些问题作一叙述。

设计教学是一种集体行为，若干教师组成一个教学组。根据组织方式的不同，教学组的构成有很大的分别。国内的设计教学组一般都采取混合的方式，教师的资历由刚参加工作的助教到资深的教授不等，教学组的负责人主要负责协调的工作。这种教学组在运作上存在许多的弊端，如职称与职责不分，一个教授和一个助教带相同多的学生，做一样的工作。资深的教授可以只是一般的组员，而教学组的负责人也可能只是一个低资历的普通教师。在这样的体制下，由于不存在明确的梯队关系，也就没有一个有效的制度来培养新教师。还有一种教授工作室的组织形式，教学组以教授为核心形成梯队，教授就是教学的学术带头人。这种方式有利于教学组发挥教学研究的作用。

通常我们对设计教学能力只有一个笼

统的概念，这导致了在一个教学组内教授和助教职责不分的情况。其实大学的晋升条件对教学能力是有明确规定的，如独立开设新课程的数量。设计教学因为是集体行为，除了少数负责的教师（如教学组长）是在“开设”课程（组织教学，制定教学计划，编写任务书籍等）外，其他教师只是参与教学。这就很难对一个教师的教学作恰如其分的评价。从道理上说，一个教授在设计教学中发挥的作用应该比一个助教重要得多，这就要求我们把设计教学能力作更为准确得分类。具体地说，设计教学能力可以划分为如下几个层次，即教学实施、教学设计和教学规划。

所谓的教学实施是指具体在设计工作室里辅导学生做设计的能力，这种能力与一个教师的自身设计能力有直接的关系，来自于他的设计实践经验。其他的因素还有与学生进行交流的自我表达能力等。这应该是作为一个设计教师的最基本的素质。我们通常比较重视一个教师的教学实施能力，在传统的教学体系里尤其如此。

教学设计是指“设计”设计问题的能力。在设计工作室的教学法中，给予学生的设计课题的质量直接关系到教学的整体效果。设计一个设计课题需要清楚地表述教学的目的和具体实施的方案，因此教学设计是比教学实施更高一个层次的教学能力。它不但要求一个设计教师具有设计的经验，熟悉教学的过程，还要对学生的学习方式和教学的总体目标有一定的了解。

教学规划是指就一个年级或者整个学系的设计教学进行设计和规划的能力。这应该是一个设计教师的教学能力的最高表现方式。在这样的阶段，对设计教师的要求就决不是他个人的设计能力，而是他作为一个设计教育家的素质。这种素质体现于他对学科的发展方向的把握和对专业教育的深入了解。

如果把以上的三种教学能力与教师的职称阶梯相并列，从助教到教授的晋升阶梯与各种教学能力的发展之间就发生了某种平行的关系。简单地说，一个讲师的资历是要具备教学实施的能力，一个副教授的资历是要具备教学设计的能力，而一个教授的资历是要具备教学规划的能力。大学的评审条件一般对不同级别的教师的教学能力有具体的规定，如独立开设课程的数量和时间等。然而在设计教学这一特定环境中，集体参与的教学方式往往无法考察一个教师的教学设计能力和教学规划能力。

教学文件和作品集在有关的评审中也相应地具有各自不同的特定内容。对于教学实施的评审最好是看一个教师所教学生的表现——学生作品集。有些学校有让年轻教师在设计课前试做的传统，这试做的成果也是教学实施评审的重要依据。对于教学设计的评审最好是看一个设计教师在拟定设计课题的过程中所生产的各种文件，以及教学的实际效果。对于教学规划的评审最好是看一个设计教师就一个年级或者整个学系的教学所拟定的相关文件。这种评审方法的特点是教师的目标明确，评价工作有据可寻，充分调动各自的积极性，有利于形成梯队。当然，教学文件和作品集都属于非传统性的学术性表达方式。这些文件由谁来评审，如何做到公平和权威性，这些都是具体运作时要解决的问题。

四、结束语

建筑学的发展正呈现日益学术化的趋势。这首先是因为在科研型大学的教育体制下，设计教学不可能不受学术研究大环境的影响。评审和用人制度更是以不可抗拒的力量促使设计教师的素质向这个方向转变。其次，专业评估制度的实行确立了建筑教育的大框架，评估大纲只是规定了合格专业人才的标准，而没有限定达到目标的方法。这意味着在保证设计人才的基本素质的前提下，鼓励各校通过设计教学的研究来实现教育模式的多样化和特色化。

经营一个建筑学系的复杂性体现在它集中了多种不同类型的人才，他们实际上以多种不同的方法进行工作，因而他们就具有多种学术性的表现。我们不能以一种评价方法来统一多样性的现实。现行的学术评价方法因为脱离了作为建筑教育主体的设计教学的现实而不能真正起到鼓励和推动学科发展的目的。本文试图通过对建筑设计教学的学术性的讨论提倡以一种实验和研究的态度来从事设计教学，而欲将这种教学观发展为一种职业规范，就必须要有一个与之相配套的学术评审制度。

顾大庆，博士，香港中文大学副教授，东南大学访问教授

环境·空间·建构
——二年级建筑设计入门教程研究

丁沃沃

早在1989年我们就着手于二年级教学模式的探讨，并在1992年和我系一年级的教学成果一起作为建筑设计初步教学的改革获国家教委颁发的二等奖。8年过去了，随着对建筑的认识的加深和教学经验的积累，我们感到原有教案必须修定和充实。正值1997年我系对全系建筑设计教学体系作重新认定和调整，我们二年级在整个教学体系中承担的角色被定为建筑设计入门。于是我们根据全系的教学计划对原有的二年级教学方案作了较大的修改，重新编制了教学计划。我们认为新的教程无论在理论基础上，还是结构组织上都较以前的模式更为成熟，教学手段也更为先进。

一、理论基础

任何一个教案的设置都必须有它的理论基础，就建筑设计而言即建筑设计理论。如果我们对历史作一个回忆便不难看出：法国艺术学院（Beaux）建筑教学体系基于的建筑设计观是自欧洲文艺复兴以来的新古典建筑的创作模式。包豪斯建筑教育体系基于的建筑设计观是早期现代建筑的基本理论。因此，单纯谈论教学体系的修正或改革，而不对建筑设计理论基础进行思考的话，毫无意义。

建筑理论不是建筑思想，如果说建筑思想要受历史的、社会的、文化的、限定的话，建筑理论如空间理论、、场所理论形的结构理论等等则没有地域的限定。而且同样的理论在不同的审美驱动下会导致不同的建筑实践结果。而这个结果正是我们所期待的。为此，我们仍选择了现代建筑及其发展的理论作为我们编制教案的理论基础。

早期现代建筑理论最有价值的部分是它的空间理论，即把空间从背景转到正形的位置上。早期现代建筑理论认为无论建筑的形象如何，人们使用的都是“空”的那一部分，因此，现代建筑的本质是空间，而不是形式。我们强调空间是设计的主题，空间成了原教案的主线。

90年代以后，欧洲的建筑理论和实践在经历了后现代和解构主义的质疑和挑战之后，走了一个螺旋又回到了现代建筑（Modern Architecture），但它已不是当初被美国理论界认定的现代主义（Modernism），建筑也不是当初的国际式（International Style）。空间不再是单一的几何空间，而是和环境、历史和技术等概念紧密联在一起，不可分割。形式再度成为建筑师的重要工作，建筑理论的成熟带来的是教学成果上的高质量。

建筑教育培养的是未来的建筑师，他们的建筑活动必须有他们自己的思想否则他们只能模仿或抄袭，不能进行真正的建筑创作。因此培养未来建筑师的教程也要贯穿坚实的、开放的理论基础，这个理论框架不但要构筑在当今世界范围内先进的建筑理论基础上，而且要为学生的发展的潜力打下基础。接受高等教育的建筑系的学生应该有理论基础，这个基础是为了他们在今后的发展中对世态的变幻有洞察力、思考能力和再学习的能力。

我们认为建筑形式作为一个整体它有三个组成部分：空间与体积；场地与场所；材料与建构（图1）。对于建筑入门这个主题来说，它也解释了建筑存在的基本含义，即为什么要盖这所房屋（使用空间的要求），在何处盖这个房子（场地的几何特征和场所的肌理感），用什么材料和方法盖这所房子（材质与材质运用的方法）。换句话说，如果这三个基本问题解决了的话，我们就盖起了一所房屋，这就是建筑的入门。

二、教学体系

在奠定了我们的理论基础之后，根据我系教学计划的实际情况设置了建筑入门四阶段的教学体系。二年级是一个将学生由基础转换为专业并送入更高级的专业训练的桥梁。建筑设计基础的知识和建筑设计专业的知识必须在二年级阶段进行旧概念的利用，新概念的引入并为以后的深化留存潜力。我们不可能重复初步的技法，也不能过早地直接引用建筑设计手段。

建筑设计是综合的思维活动，但建筑设计练习不同与建筑设计。建筑设计练习的性质是知识传输的载体，教师通过练习传授方法，学生通过练习掌握要领。我们认为如同饭要一口一口的吃一样，概念的建立也要一步步的来，不能通过一个题目的训练解决综合问题，也不能期盼，经过解决综合问题的题目，多次的重复，学生自然弄明白。因此在我们的教案中，四个题目是认识事物的四个阶段，一个阶段解决一个重点问题，同时附加两个非重点问题。这样既有助于学生建立从无到有的建筑设计的概念又能校正单一概念带来的单一思维倾向。图 2 所示是我们教室的组织线路和教学体系，纵向是三条线并进，横向是四个层次由线入深。

我们的主线是环境的概念，场地（Site）和场所（Place）是设计的参考依据。我们选用不同的场地引用不同的几何特征作为形式产生的背景条件；在场所的概念中我们主要引用的是环境肌理效应对建筑的影响。对于场所的历史特征和文化意义我们认为在二年级引入还为时过早。这个空间预留给了三年级教程。这条线的四个层次是设置了四个场地条件，景观限定、街区限定、坡地以及街道限定。

第二条线是空间的概念，空间（Space）和形体（Volume）是一对相互补充的概念，这比早期教案中单一强调空间要成熟得多。我们将通常的功能空间类型简化为 4 种原型（Prototype），如单一功能空间，单一功能组合空间，简单综合空间，以及复杂综合空间。这四种原型为四个设计的功能载体，每年可根据需要进行功能置换，因为课程设计不是学习某种特定功能的设计，而是学习一般的功能组织原理。

第三条线是建构的概念，材质（Materialization）和建构（Tectonic）是建筑形式产生的重要依据。建筑师不是画家，他所有的想法出现在纸上只是设计活动的一个过程，而不是设计活动的结束。建筑师毕生的工作都是和建筑材料以及材料的构筑方式打交道，以期实现使用者愿望和设计者愿望。我们在课程设计中强调的是材质（Materialization）而不是材料（Material）原因是材质强调的是它的质感、形象以及表现力而材料强调的是它的物理性能。在课程设计中我们强调的是建构（Tectonic）而不是建造（Construction），因为建构强调的是用怎样合理的技术方法处理材料与形式的问题，而建造强调的是施工技术。显然材料和建造也很重要，但我们认为作为二年级的设计课中涉及材料的物理性能和施工技术还为时过早。就建筑师的基本素质而言材料和建构的训练更为重要。这第三条线也将为以后学生今后的学习中留有更多的知识获取空间，他有四个层次：木与木的建构，砖与砖混的建构，混凝土的建构，以及最后一个层次，即学生可以自

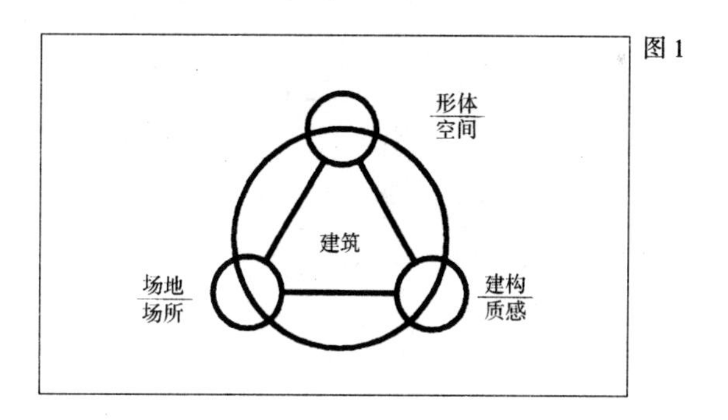

图 1

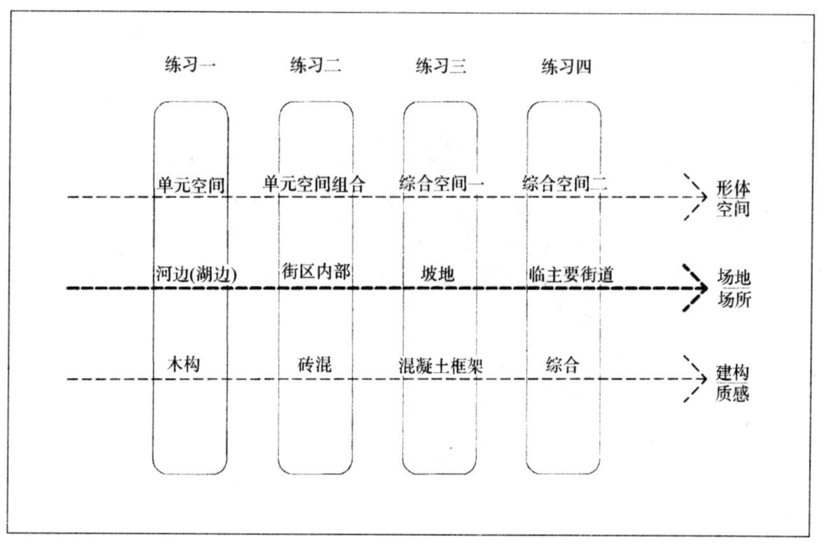

图 2

选任意一种二种建构方式来解决设计问题。

三、操作模式

教学经验告诉我们，教案的设置仅是教学工作的一个部分，另一个重要部分是实施教案的方法。二年级教学的特点是用学生并不熟悉的专业语言输入建筑设计概念，以往处理这种问题完全依赖是教师的改图，多改一遍就好一点，学生的主观能动性没有发挥出来。因此我们借鉴了国外

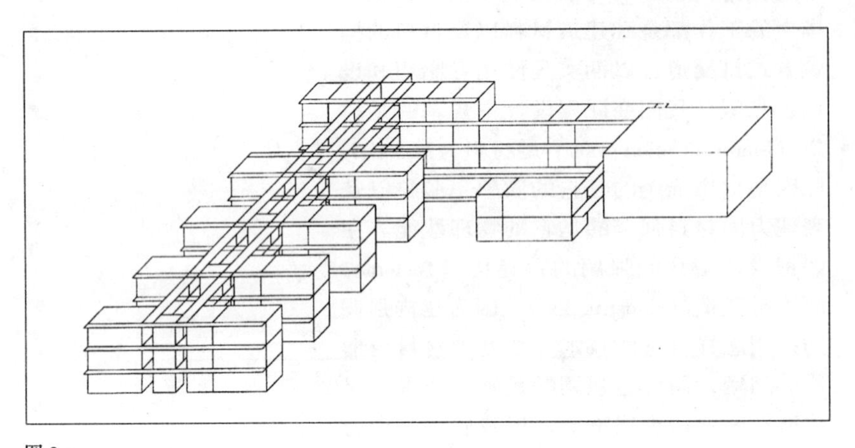

图 3-a

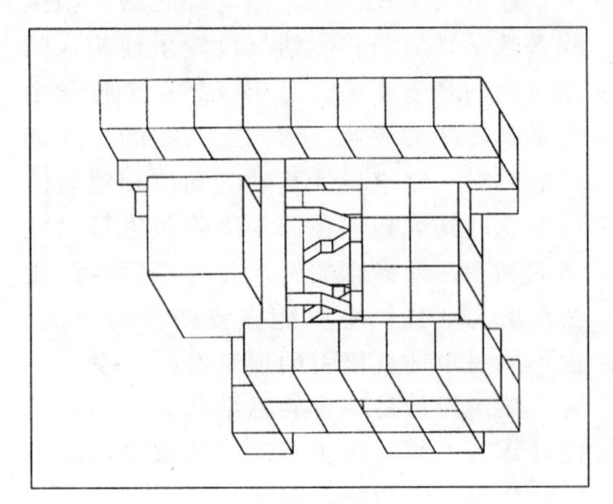

图 3-c

图 3-b

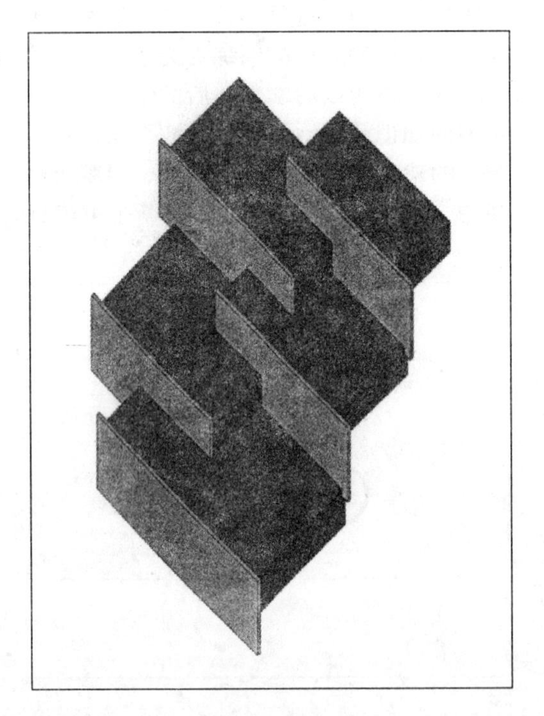

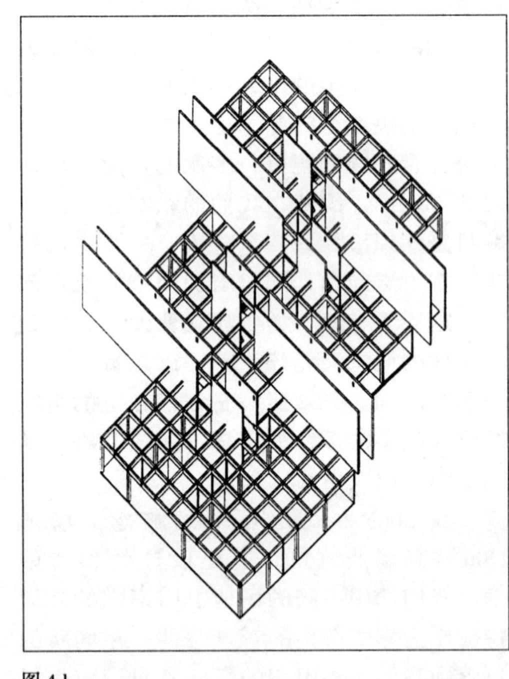

图 4-b

图 4-a

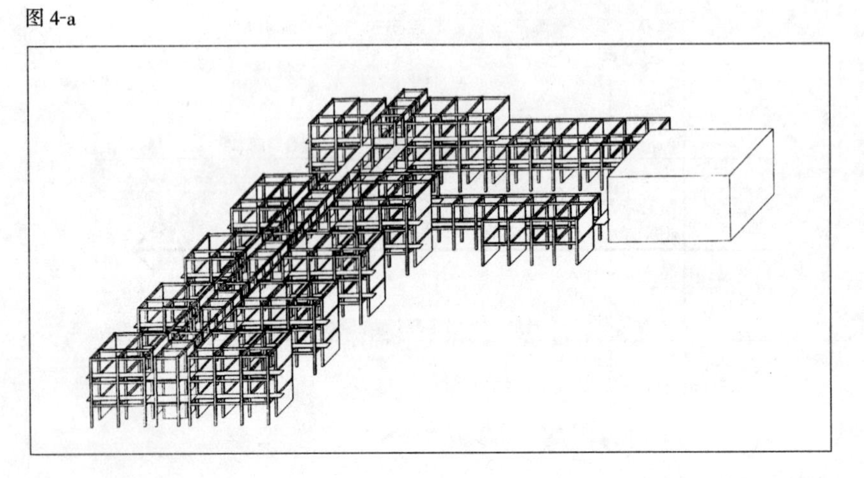

图 4-c

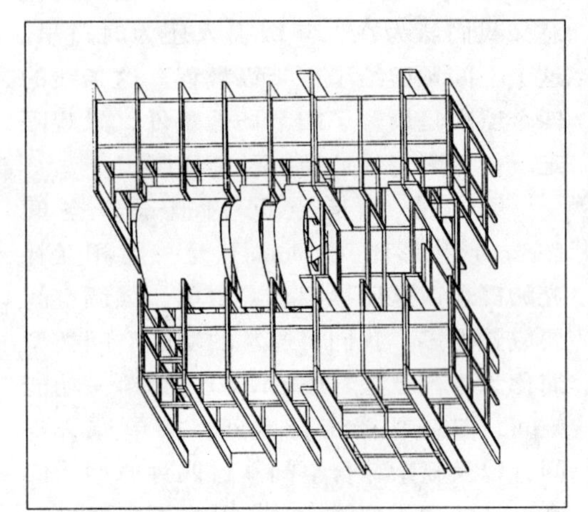

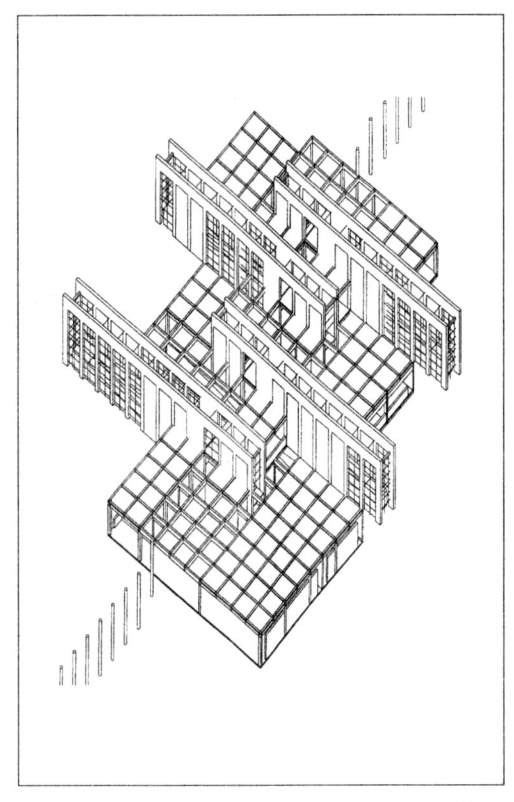

图 5-b

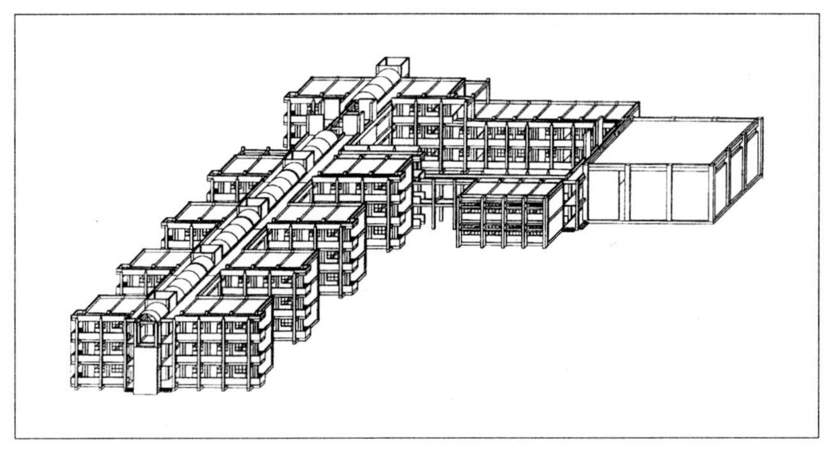

图 5-a

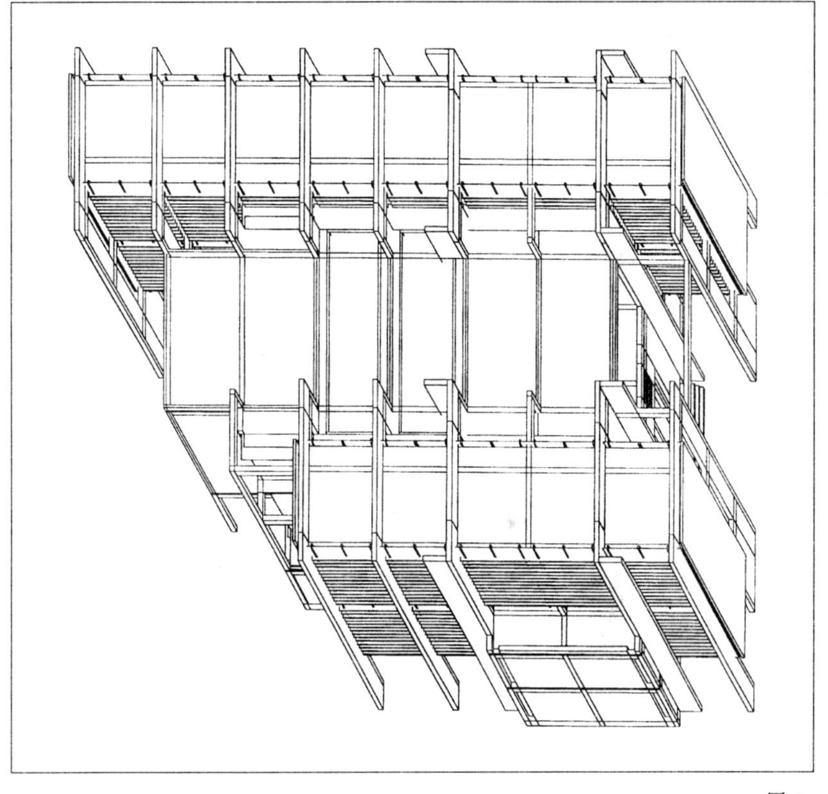

图 5-c

的教学经验，运用操作模式作为教学工具，它既可以帮助教师解释建筑设计的概念，又可以帮助学生发挥自己的能力。操作模式分为三个层次，分别解决不同设计阶段的不同设计问题。

第一用体积模式（Volume Model）研究场地与形的问题。在方案初期，学生可以用给定或自定体积模式在场地条件中研究形与场地、形与形的关系。体积模式的研究是在场所的肌理环境中产生建筑形体的重要步骤，这个方法的应用也为学生在高年级的大型建筑设计和城市设计的课程训练打下基础（图 3）。

第二用结构模式（Structural Model）研究空间问题。这里的结构不是力学结构的概念而是空间形体的组织的结构（图 4）。一旦方案的体积模式确定下来，学生必须把自己的体积模式翻译成结构模式。在这个阶段他们可以根据建筑功能、阳光景观的需要和空间与形式的表达等因素决定空间的限定与围合、封闭与开敞。在结构模式阶段建筑的墙体、楼板、天花等概念都被置换成的统一垂直或水平构件的概念，门窗的概念被置换成开启的概念。

结构模式的研究阶段是方案发展的重要阶段，在这个阶段里建筑形体开始有空间的内涵。只有在结构模式阶段、学生才能真正的进行空间的立体的思维，把握住最终的建筑形体。结构模式的运用是一个成熟的设计方法，不仅可以作为教学工具用于设计练习，而且也可以用于建筑创作与实践。

第三阶段是建筑模式（Architectural Model）。要求学生将确定下来结构模式再翻译成最终的建筑形式，即将结构模式具体化和材质化。在结构模式中参与设计的是构件，在建筑模式中构件就开始转化成具体的墙柱、梁、顶、地面等等。在结构模式中学生们只需考虑空间的限定开启和围合，在建筑模式中学生们要思考限定空间的材质，流通空间中内与外如何分开，以及封闭空间的采光怎样解决等具体的建筑问题。建筑模式对学生提出的问题实际

上是促使学生像一个建筑师那样去思考问题并设法解决它。(图 5)

我们常常说大学的学习不同于中小学，在大学的教育中，引导学生思考比告诉学生如何去做要好得多。学生的真正问题是只知道不行而不知道症结所在，这是大学教学中最常见的现象。因此，我们在教学里运用的三个操作模式在建筑设计的每一个阶段都给出关键的设计问题，以此引导学生将自己的方案深入下去。教学生一个建筑类型的设计不如教学生一个设计方法，同时也可以避免以教师的自身的偏见去建立另一个或几个偏见，这也是我们使用操作模式的目的之一。

此外，在 1997～1998 年的教案中我们还尝试计算机辅助建筑设计，这三个操作模式在计算机的运用中更显优势，更加强化了学生的三维思考能力。

结语

建筑理论是建筑设计教学的基础，教学体系是课程设计在基础上的框架，操作模式是帮助教师和学生共同充实这个框架的方法。这是我们的实践与体会，希望得到同行们的宝贵意见。

参加教学研究的成员有丁沃沃、张雷、钱祖仁、陈秋光、胡滨。

丁沃沃，东南大学建筑系教授

(上接 69 页)

同时也可柔化混凝土的世界。但是四边临路的草地的使用率远不如背后有屏障的草地。旧金山红木广场的草地后种了大约 2m 宽的红木，它就为使用者提供了更自然、更私密的空间。而且草地最好有一定坡度，这样便于人休息，也便于排水。

(3) 花坛、灌木、花盆　它们是形成地基面构图的重要因素同时也能起到引导人流的作用。它们的造型和色彩应与整体环境相统一，既可是一个孤点，也可和其它要素如坐椅、踏步等相结合。

结语

影响广场设计的因素很多，只有注重“此时此地”，充分考虑人的需求，尽量应用适宜技术，才可能设计出高质量的广场，为城市注入活力。而良好的监督管理则是广场运转良好的保证。只有当设计和管理并举时，广场才能真正融入城市生活。

(广场从性质可分为交通广场和生活广场，本文研究范围仅限后者。)

注释

① Town and Square. Paul Zucker. Columbia University Press

②引自哈普林 (Halprin) 的论点

③参见刘鼓川．现代城市广场规划设计初探．硕士论文

④ (墨) 鲁菲诺·塔马约 (Rufino Tamayo)：画家，他的画体现的是墨西哥的传统艺术与当时国际上的流派的结合

⑤诺伯格·舒尔兹．存在·空间·建筑

⑥参阅．城市设计导论

⑦参阅．城市设计导论

⑧ Landscape Architercture. March, 1996

参考文献

1. Lawrence Halprin: Cities, Reinhold Publishing Corporation

2. Paul Zucker: Town and Square, Columbia University Press

3. Rob Krier: Urban Space, Academy Editions

4. Barrie B. Greenbie: Spaces - Dimensions of The Human Landscape, Yale University Press

5. [美] E.D 培根等．城市设计．黄宝厢、朱琪编译，中国建筑工业出版社

6. [美] 克里斯托弗·亚历山大．建筑模式语言．王昕度、周序鸿译．中国建筑工业出版社

7. [挪] 诺伯格·舒尔兹．存在·空间·建筑．尹培桐译．中国建筑工业出版社

8. 徐思淑、周文华．城市设计导论．中国建筑工业出版社

9. 钟训正．给城市多一些绿地

10. 刘鼓川．现代城市广场规划设计初探．硕士论文

胡　滨，东南大学建筑系讲师

关于苏州工专与中央大学建筑科[①]

——中国建筑教育史散论之一

潘谷西　单　踊

苏州工业专门学校建筑科与中央大学建筑科，是我国近代正规的高等建筑教育发源地，在中国建筑教育的发展史上有着极为重要的意义。1985年11月，《建筑师》第24期上发表了曾就读此两（系）科的张镛森教授的有关回忆文章（下简称"张文"），其后不少学人相继撰文研究，使得两（系）科的早期情况渐趋明朗。在此基础上，笔者拟就所得资料对一些重要史实加以考证，同时试作进一步的分析与探讨，以期使中国近代建筑教育的这段历史更为确切、清晰。

一、基本史实

简单地讲，中国古代历史上，担当房屋设计之职的，是集建筑与结构的设计、施工、估价等于一身的工匠。称为"匠人"、"梓人"或"都料匠"，清代才出现专务宫室建筑设计的"样房"。其技艺的传授主要是以师徒相袭的方式进行的。事实上，这种薪火相传的建筑教育绝非中国所特有，而是世界性建筑教育的"初级形式"。不同的是，中国古代建筑的形制与技术相对西方而言长期没有本质变化，因而这种方式得以维系的时间极长[②]。中国真正接触现代意义上的建筑科学，是从清末洋务运动后期派学生出洋留学开始的。据考证，19世纪末起有学生赴法国学习土建，20世纪初起有学生赴英、德、日、美等国学习建筑。

1902年，清廷公布了中国近代第一个正式学制——"壬寅学制"（即《钦定学堂章程》），其中《钦定京师大学堂章程》的"大学分科门目表"中，参照日本首次将"土木工学"、"建筑学"列入工艺科目内。1904年颁布的"癸卯学制"（即《奏定学堂章程》）中，又增定了包括土木、建筑在内的各门之科目（即课程）。其后，土木科便率先在各地大学中迅速推开，20世纪20年代前已有北洋大学等5所大学建立了土木工程系（科）[③]，而建筑科却迟迟未见有开先河者。究其原委正如有些文章所分析的：土木工学适应面广而倍受青睐；而建筑学则因近代中国的新建筑发展水平不高，重要的项目设计均为洋人垄断，一般的工程项目结构师也可胜任，……。此外，在中国的传统意识中，历来把建筑设计和施工营建视为一体，同属士大夫们所不屑从事的"末技"，当然算不上一门值得细究的高深"学问"。更何况西方建筑学本身又带有浓烈的"异质文化"色彩，国人在审美上也一时难以接受。因此，直到的20世纪20年代初，中国近代建筑教育之"梦"才在苏州开始得以实现。这一时间比日本晚了近半个世纪。

苏州是历代江南政治、经济、文化的重要城市。洋务运动兴起之初，军、民用工业便相继出现。1895年《马关条约》后，苏州辟为商埠，1906年沪宁铁路建成，更加快了它的近代化进程。因而这里的新式学堂发展也较早。如1901年办"东吴大学"，1906年办"苏省铁路学堂"，1911年办"中等工业学堂"，1912年办"女子蚕业学校"。从时间上看，这些学校（教会办的东吴大学除外）的建立均与"癸卯学制"将实业教育并行于师范及普通教育的体系有关，是适应近代工商业发展需要的产物。1912年5月，上述"铁路""工业"两学堂合并为"江苏省第二工业学校"，学制五年，属中等程度的实业学校。校址在三元坊（原中等工业学堂址）。设有土木、纺织（机织）、应用化学（染色）三科。1919年教育部便有意在南方增设大学和专门学校（即大专）④。1921年，该校亦鉴于社会需求而呈请省教育厅提高（学校）程度。1923年5月，该校获准升为“公立第二工业专门学校”，同年11月改称“公立苏州工业专门学校”。并于该年度起增设了建筑科⑤。由于此时的学制已经过1912、1913年南京政府所颁《壬子癸丑学制》与1921年北洋政府所颁《壬戌学制》（亦称“新学制”）的二次大调整，年限缩短、大学预科取消，因而该建筑科的学制是三年。这就是现今建筑学界公认的中国第一个（高等专科）建筑科。是由留日归国的学子柳士英等创办的。

1893年出生于苏州的柳士英，1920年就读于日本东京高等工业学校，回国后来到上海，先在日本人所办的事务所等处任职。1922年与先后回国的东京高等工业学校校友王克生、朱士圭、刘敦桢合办“华海建筑事务所”。柳士英回国后不久便与第二工业学校商谈建科事宜⑥。这不仅受其兄柳伯英兴办近代教育主张的影响，也出于他对社会需求的主动意识⑦。有的文章认为由于朱、刘等同道的合作，苏州工专才具备了创科的条件，这与事实不尽相符。从笔者查得的民国14~16年（1925~1927年）苏州工专“学生操行成绩单”可知，建筑科一年级所授的14门课中，除去公共基础、技术基础与绘画基础课外⑧，由建筑科开设的专业课，仅有2门；一年后所增专业课也只2门⑨。显然，建科第一年有1人担纲授课足以胜任，第二年有2人也完全可以满足教学运转。另一方面，黄祖森1925年方自日本毕业回国，刘敦桢也于1926年秋季才应邀来苏州工专⑩。因此，可以肯定地说，张镛森文中所说的柳、刘、朱、黄四位苏州工专“筹办”者中，至少黄与刘二位不在其列，甚至朱士圭在创科第一年也无需到任，而以沪上的事务所工作为主。当然，我们可以推断，建科事宜可能有朱、刘二位事务所同仁的意见参予。但即便如此，这也绝非“主要”的创科条件。

1927年秋，苏州工专并入刚成立的江苏学区的大学——国立第四中山大学。10月26日，第四中山大学工学院院长周仁来苏州办理接收，全部校产正式移交工学院。建筑科除已毕业的二班外，在校的25、26两级学生随校并转，成为第四中山大学建筑科一、二年级学生。教师中只有刘敦桢与23级毕业生濮齐材随赴南京第四中山大学任教。科主任柳士英留苏州参加建市的筹备工作，朱士圭、黄祖森亦离校他就。⑪

第四中山大学的历史，源起于两江总督张之洞在江宁省城（即南京）所创办的“三江师范学堂”。1902年筹办，1903年挂牌，1904年招生。该校主要为苏、皖、赣三省培养中小学教员。其办学的指导思想是“中体西用”。科技与自然科学部分均聘日本教习（11名）讲授，教学上也模仿日本学校。1905年该校易名，并升为培养初级师范和中学教员的高等学堂——“两江师范优级学堂”。辛亥革命后学校曾一度停办。1915年，在原址上建“南京高等师范学校”。次年起，该校便在全国高等师范学校中率先突破师范界限，增设了工艺、农业、商业等实业专修科，而初具综合大学雏形。当时学界乃有“北有北大，南有南高”之说。该校提倡民主科学与德、智、体并重，教学上转为以欧美高校为蓝本。1921年，在“南京高等师范学校”基础上，正式成立了“国立东南大学”。该校拥有六科（院）三十一系，集文、理、农、工、商、师范为一体，开中国综合性大学之先。曾被有关国际人士认为是“中国最有希望之大学”⑫。1927年，由教育界元老蔡元培建议，（中央）教育行政委员会颁布试行“大学区制”。两试点之一的江苏省即以东南大学为基础，合并省内另8所高等院校组建成“国立第四中山大学”。该校拥有九院三十六系科，其工学院由原河海工科大学（即原东南大学工学院）、南京工业专门学校及苏州工业专门学校合并改组而成。设有机械、电机、土木、建筑、矿冶、化工、染织诸科。其中建筑科就成了中国的大学建筑教育之首创。当时学制订为4年。次年（1928年）东北大学、北平大学也分别成立了建筑系。

据张镛森在前述文章中称，该建筑科由蔡元培与工学院长周仁鉴于时代需求而力主设置的。此事尽管并未查见原始文字记录，但从九校合并时的系科设置来看，第四中山大学对原各校系科是作了较大调整的。如苏州工专的“染色”与“机织”并为“染织科”，且在一年后予以停办。因此可以说，首先，建筑科的设置，第四中山大学有其学科上的战略考虑，而非简地因袭苏州工专的原有现实。

其次，从科主任人选看，原定为当时最负盛名的建筑师、留学美国康乃尔大学建筑系的吕彦直。后因吕氏在中山陵墓设计竞赛获头奖而忙于工程实施，遂改聘留学美国俄勒冈大学的建筑硕士刘福泰。因第四中山大学按当时部颁《大学教员资格条例》聘任[13]，刘福泰及其他著名专家（多为留欧美的博士）均聘为副教授，（当时全校无一正教授），刘敦桢聘为讲师，濮齐材聘为助教。可见第四中山大学对教师的学历层次与留学国别也是有讲究的。可以推测，留学日本而无学位的柳士英即便有意来宁，也未必会委以科主任之职。

再者，按第四中山大学裁并改组各校的办法，原各校学生需经审查，合格者方可入学试读一学期后再行一次甄别。苏州工专建筑科转来的二届学生，从毕业时间看的确分别推迟了半年；二届的毕业人数与苏州工专成绩单上的在册人数相比，也分别减少了1人与5人（另还有25级退级1人，26级外系转至1人）。所以说，第四中山大学在人才培养的标准上也是严格的。

第四中山大学于1928年2月易名"江苏大学"，同年4月又改称"国立中央大学"。1928年时，该校已有8个学院34个系（科），其办学规模（系科数、教员数、设备、年度经费等方面）在全国各大学中已居首位。成为名符其实的"首都大学"。1932年夏，学校曾因易长风潮和经费风潮而解散整顿2个月。其后，"建筑科"改为"建筑系"。该系的教师阵容日益壮大，教学各方面也渐趋完善，自此进入其第一个鼎盛时期。解放后，中央大学改名"国立南京大学"。1952年全国高等学校院系调整，建筑系随工学院独立，成为"南京工学院"建筑系。1988年，南京工学院改名"东南大学"。

二、学术渊源

从近代世界建筑发展看，19、20世纪之交的西方正处于新旧交替时期。面对社会与技术的进步，大多建筑师尚无应变准备。从古代典范中寻找答案，对他们来说是得心应手，同时也符合权贵们显富的心理需求。只有少数先锋派人物在试图摆脱历史传统的束缚，以适应新时代的技术发展与精神追求。因此，本世纪20年代，"古典复兴"与"折衷主义"（亦称"集仿式"）是当时世界范围的建筑主流，建筑实践如此，建筑教育亦不例外。

与中国早期建筑教育直接相关的，有日、英、法、美等国，这是中国建筑学生留学国家中最早的几个国家。其中日、美是苏州工专与中央大学两建筑科奠基人的留学国。因此，日本与美国当时的建筑教育情况就格外值得研究。

日本近代建筑历史上，脱离中国文化影响而转向西方，是从1859年对西方五国开放港口开始的。其后，欧风建筑盛行，规划及重要建设项目几乎全部依赖政府雇用的外国人。1877年，英国建筑师康德尔（Josiah Conder）受聘来日本，主持政府所设的"工部大学校"造家（即建筑）科，最早把西欧的建筑教育体系带到日本，正式培养出七届共20名日本第一代建筑师。其后，康氏的最初门生辰野金吾（1853～1917年）于1883年从英国进修归来后取代康德尔，成为日本建筑界的带头人，开始了日本人掌教的历史。该校于1886年与东京大学合并成东京帝国大学工学部。所培养的第二代建筑师中，有不少成为日本建筑教育的创业者，如佐藤功一（1878～1941年）成为1910年创设的"早稻田大学"建筑系主任，武田五一（1872～1938年）成为1920年创设的"京都帝国大学"建筑系主任，冈田信一郎（1883～1932年）则在"东京艺术大学"开创了该校建筑教育的传统。可见东京帝国大学工学部的建筑系是日本建筑教育的发源地。从康德尔的经历与其师徒们的作品来看，他们在学术上是属于折衷主义的[14]。

柳士英等苏州工专教师所留学的学校"东京高等工业学校"始创于1881年，原名"职工徒弟学校"，1890年改名为"东京工业学校"，1901年改为"东京高等工业学校"，其建筑科1902年创立，1907年起开始招生。由于该校属实业性学校，更适合中国对务实人才的需求，因而成为中国留学生的首选学校之一。从柳士英等未获学位的事实看，他们就读期间，东京高等工业学校应还属专科性质。该科执教者中有主任——留学美国伊利诺伊大学的硕士滋贺重列、东京大学1904年毕业的前田松韵等。由附表看，该科与东京帝国大学建筑科课表几乎毫无差异。可见其建筑教学体系与东京帝国大学是一致的。

西方现代主义各派影响日本开始于1914年。当年，留德归国的本野精吾设计了表现派作品“西阵织物馆”。但旗帜鲜明地与过去决裂是在康德尔及第一代日本建筑师相继去世后的1920年[15]。30代起才相继出现其他各派的代表作品，如1930年风格派的“吉川元光邸”，1931年包豪斯派的“土浦龟城邸”，1934年柯布西耶派的“川崎守之助邸”。

由此，我们完全有理由认为：柳士英等苏工专教师当年在日本所受的建筑教育是古典复兴与折衷主义的。崭露头角的现代主义思想对其影响只可能是间接的，因为那些先锋人物自己尚在探索之中，还谈不上付诸教学。

美国的建筑教育相对日本来说，折衷主义倾向更为明显。

作为英殖民地，独立后的美国先是为摆脱殖民的阴影，借助希腊、罗马的古典建筑风格来表现其民主主张。1893年芝加哥的哥伦比亚世界博览会后，美国人则完全被华丽的法国式风格所折服，其后“折衷主义”（在美国亦被称为“商业古典主义”）便在全美风行开来。进而取代法国而成为折衷主义最突出的国家。美国折衷主义建筑教育体系的建立，始于1846年赴巴黎美术学院学习的第一个美国人R.M. 亨特（Richard Morris Hunt）。他回国后于1856年在纽约开办事务所。翌年为其事务所的学生们组建了一间巴黎模式的“画室”（atelier）[16]。为此，亨特曾于1876年被AIA大会尊为“美国成功的建筑教育之父”。其后，建筑院系在全美相继成立，1898年已达9所。其中MIT的建筑学院即是由亨特首批弟子之一W.R. 威尔（William Robert Ware）应邀主建于1866年。此前，威尔曾赴欧考察建筑教学法，并对美术学院给予了特别关注。MIT的教学计划大部分基于学院派模式。据统计，至1911年，全美建筑院系几乎都聘有巴黎美院毕业生。1894年，美国成立了“鲍扎建筑师协会” （The Society of Beaux-Arts Architects），1916年该协会又成立了“鲍扎设计研究会”（Beaux-Arts Institute of Design），该研究会成了二战前全国学校在设计教学方面的指导与仲裁机构，其1928～1929年颁发的教学计划被全美51所大学建筑系中的46所采用。尽管巴黎美院的“画室”制被大学的学期制及班级制所取代，但其设计的训练模式仍被完整地保存了下来。

虽然，古典复兴与折衷主义是当时世界性的建筑大环境，日、美与其源头英法诸国的建筑教育均在其笼罩之下。但日美两国在这点上的共同之处也是有一定范围的：建筑风格之同充其量影响到设计课的教学，却无法阻止他们对课程总结构所体现出的培养目标的不同设想。从日本东京帝国大学及东京高等工业学校的课程设置中，不难看出其对技术类知识与技能的特别关注。这或许由于日本处于多震地域，技术问题显得较为重要，抑或出自其传统上精于技艺之偏好。其原委虽无法断言，但事实是在两校的建筑学教学计划中，技术基础与技术课程门数占了总门数的大半。而美国方面，前面提及的“鲍扎设计研究会”颁发的教学计划，就明白地表现出对绘画艺术及设计本身的特别兴致。甚至在半世纪后的70年代末，美国的建筑教育家也毫不掩饰其对建筑艺术创造的注重，坦言“不必浪费时间去学那些走上社会后不能做的事”，（指注册法规定了建筑师的工作范围），认为“建筑系有人会搞框架计算会使人感到奇怪。”[18]这或许由于该国建筑教育体系源出“美院”传统，抑或与美国人讲求创造意识有关。

三、教学情况

教学内容与方法是反映教学情况的两大方面。由于年代久远，完整资料十分缺乏。因此，我们只得从教学计划推知其“内容”的概况；而“方法”只能根据相关资料（如回忆文章等）间接得知。因篇幅关系，本文着重对教学内容问题进行探讨。

关于苏州工专建筑科的教学计划，我们有1924年公布的“课程表”，与“学生操行成绩表”二份资料。二者对照可以看出，在教学实施过程中课程有所调整：其一是“透视画”与“建筑美术学”并未开出；其二是“铁筋混凝土及铁骨架构学”分为“铁混土”与“铁骨构架”二门开设；其三是增开了“材料力学”。这就使得总共33门实开课中，除去公共基础外共有26门专业类课程。其中技术基础与技术课合计门数为16门，占专业类课程总数的六成以上。比东京高等工业学校建筑科计划的比例还高出一成。尽管设计课门类也较全面，但多集中在课程多达17

门的三年级，因此设计课所需的课时数显然难以保证。应该说，苏州工专建筑科的培养目标较明显地偏重“工程实施”方面，甚至在公共课中设置长达二年的“二外”课，这也很有从利于涉外工程监造考虑的倾向。因为，从当时城市建设发展最快的上海建筑市场来看，建筑设计多为洋建筑师包揽，中国人即便留洋也很难开业。柳士英本人回国后亦先为英国工程做监造工作，后在日本事务所打工，2年后才与人合作开业，但举步维艰，柳士英对此可说是感受甚深。而国产建筑师开业更是30年代才有的事。因此，苏州工专作为无学位的大专建筑科，上述的人才定位无疑是切合时宜的。

教的方面，苏州工专建筑科至少在开始阶段的确“相当艰难”。（见“张文”）首先在课程开设上，有些课（“意匠学”、“中建史”）第二、三年才真正开出（见注⑨）。这确如柳士英在其回忆中所言，与教师“半工半教”，甚至“以设计业务为主，建筑教学只是作为兼职工作”，“兼程奔波”于苏沪等地之间有关。1925、1926年黄祖森、刘敦桢来校后情况才得以缓解。其次是办学条件上，一开始是白手起家。图书资料方面国内建筑译著极少[19]，而靠教师藏书与自编教材维持。其后才逐步“购置设备”“图书”而“初具规模”（见“张文”）。

学生方面，苏州工专的来源以苏、锡、常为多。人数是23级15人，24级3人（另有2人转下届），25级7人（转入中央大学毕业时仅有4人，1人转下届），26级9人（中央大学毕业时仅有4人，另有上届转来1人）。前二届毕业的10余人中，濮齐材随校赴中央大学任教；卢永沂在南京工务局任职；周曾祚先任职于苏州工务局，后到南京司法行政部任职；薛仲和曾于南京开办事务所，后到中央大学建筑系任教；刘炜一直从事设计与监造工作，后自办事务所。

中央大学建筑科的教学计划，则可从1928年的“建筑工程科学程一览表”清楚地得知。此表将各学程（即课称）的中英文名称、编号、开设学期、上课次数、时数、所占学分及课程形式（讲授或试验实习）等作了全面表述，可说在形式上已相当完整。从专业角度讲，该表中课程门类的选定、比例控制、顺序安排等已颇为科学合理，全然是正规大学风范。很象是有欧美高校建筑系“蓝本”做参照的结果。但客观上当时在科的刘福泰与刘敦桢二位建筑学教师又留学于不同国家，而且都有着在国内的业务实践经历，因此教学计划的制定与实施肯定有所调整。与苏州工专相比，中央大学的计划首先是在保证技术基础及技术课应有分量的前提下，设计（包括规划）类课程份量大大增加，图艺类、史论类课程亦得到加强；其次是各类课程都做了合理细化。不难看出，该计划的特点是“整体发展”。可使学习者在坚实的技术背景下，动手能力更强实，文化底蕴更博厚。这无疑是职业建筑师所应具备的合理的知识结构。中央大学的主要教学特色即是以此为基础发展起来的。

从教的方面看，教学计划与实际开设的课程也不完全吻合。首先，当时社会局势与建校（科）初期状况不稳定，而前二届又已是“半成品”且有半年试读，因此，“照章行事”客观上不可能也无必要。从建科后几年的“各教员担任课程一览表”可知，前二届所学课程绝大多是“绘画类”与“设计（规划）类”课程，学时数之大远远超出计划数：如第一年度二届上/下学期仅本系（科）内课程的周学时即为25级20/28，26级31/37。明显表现出是一种补救措施。其间，由科主任刘福泰包揽二届设计（规划）类课程，留学英国格拉斯哥大学的李祖鸿则担起所有“图艺类”课程，刘敦桢负责“史论类”课（1928年春学期才开始在科任课）。1929年春后，留学美国宾州大学的卢树森、留学德国柏林工业大学的贝季眉先后来建筑科任教，自此，教学分工才相对明确并一直维持到1932年中，即：刘福泰任三、四年级“设计”及“规划”课，刘敦桢任“中建史”等大部分史论类课，卢树森任二年级“设计”及“西建史”等少量史论类课，贝季眉任一年级“初步”及“室内装饰”课，技术类课程（结构类课除外）由刘敦桢、卢树森、贝季眉三人分担，图艺类课全部由李祖鸿承担。其次，在教的过程中，计划所列的专业类课目有些调整。除名称变更外，还有的归并（如“初级图案”、“建筑大要”与“建筑画”并为“建筑初则与建筑画”），有的分设（如“西洋绘画”分为“模型素描”与“水彩画”），另外还增加了“施工与估价”课。从教师工作量及难度看，个人所担课时数都很多，一般都不少于15小时/周，任课

苏州工专，中央大学建筑科与相关教学计划的课程分类对照表

分部	课类	东京帝国大学（1887）	东京高等工业学校（1907）	奏定大学堂章程（1903）	教育部大学规程（1913）	苏州工业专门学校（1926）	国立中央大学（1928）
公共课部分						伦理（1，2，3）	
公共课部分						国文（1，2，3）	
公共课部分						英文（1）	语言学 Foriegn langauge（1）
公共课部分						第二外国语（2，3）	
公共课部分		数学（1）	数学	算学（1）	数学	微积分（1）	微积分 Calculus（1）
公共课部分						高物理（1）	物理 Physics（1）
公共课部分						体育（1，2，3）	
专业课部分	技术基础课	地质学（1） 应用力学（1） 应用力学制图及演习(1) 水力学（2） 地震学（3）	地质学 应用力学 应用力学制图及实习 地震学	地质学（1） 应用力学（1） 应用力学制图及演习(1) 水力学（2） 地震学（3）	地质学 应用力学 图法力学及演习 水力学 力学	地质（1） 应用力学（1） 材料力学（2）	地质 Geology（1） 工程力学 Engineering Mechanics（2） 材料力学 Strenth of Materials（2）
专业课部分	技术基础课				工业经济学	经济（3） 簿记（3）	经济原理 Principle of Economics（4）
专业课部分	技术课	建筑材料（1） 家屋构造（1） 日本建筑构造（2）	建筑材料 家屋构造 日本建筑构造	建筑材料（1） 房屋构造（1）	建筑材料学 房屋构造学 中国建筑构造法	建筑材料（2） 洋屋构造（1） 中国营造法（2）	构造材料 Materials of Construction（4） 营造法 Building Construction（2） 中国营造法 Chines Building Construction(3
专业课部分	技术课	铁骨构造（2）	铁骨构造		铁骨混合土构造法	铁骨构架（3） 铁混土（2，3） 土木工学大意（2）	铁筋三合土 Reinforced Concrete（3） 结构学 Theory of Structure（3） 工程图案 Structural Design（4） 土石工 Masonry Construction（4）
专业课部分	技术课	卫生工学（2）	卫生工学	卫生工学（2）	卫生工学	卫生建筑（2）	供热，流通，供水 Heating，Ventilati Plumbing（3） 电光电线 House Wiring & Sighting（3）
专业课部分	技术课	施工法（2） 建筑条例（3）	施工法 建筑条例	施工法（2）	施工法 建筑法规	施工法及工程计算(3) 建筑法规与营业（3）	建筑师服务 Professional Practice（4）
专业课部分	技术课	测量（1） 测量实习（1）	测量 测量实习	测量（1） 测量实习（1）	测量学及实习	测量及实习（2，3）	测量 Surveying（1）
专业课部分	技术课	制造冶金学（3） 热机关（1）	制造冶金学 热机关	冶金制器学（2）	冶金制器法 热机关学	金木工实习（1）	材料试验 Materials Testing（4）
专业课部分	史论课	建筑历史（1） 日本建筑历史（1）	建筑历史 日本建筑历史	建筑历史（1）	建筑史	西洋建筑史(1,2,3) 中国建筑史（3）	建筑史 Architectural History（2，3） 文化史 History of Civilization（1） 美术史 History of Painting，Sculpture（4）
专业课部分	史论课	建筑意匠（1，2） 美学（2） 装饰法（2，3）	建筑意匠 美学 装饰法	建筑意匠（1，2） 美学（2） 配景法及装饰法(1,2)	建筑意匠学 美学 装饰法		建筑组构 Arcitectural Composition（3） 古代装饰 Historic Ornaments（2）
专业课部分	图艺课	制图及透视法实习(1) 应用规矩（1） 透视画法（1）	制图实习透视法实习 应用规矩 透视画法	制图及配景法（1） 应用规矩（1） 配景法及装饰法(1,2)	配景法 制图及配景法实习	投影画（1） 规矩术（2）	投影几何 Descriptive Geometry（1） 阴影法 Shades & shadows（1） 透视法 Perspective（2）
专业课部分	图艺课	自在画（1，2，3）	自在画	自在画（1，2，3）	自在画	美术画（1）	西洋绘画 Drawing & Painting（1，2，3） 建筑画 Architectural Drawing（13） 泥塑术 Clay Moulding（33）
专业课部分	设计规划课	计画及制图（1，2） 日本建筑计画及制图(2) 卒业计画（3）	计画及制图 日本建筑计画及制图 卒业计划	计画及制图(1,2,3)	计画及制图	建筑图案（1） 建筑意匠（2，3）	建筑大要 Elements of Architecture(1,2,3) 初级图案 Elementary Design（1，2，3） 建筑图案 Architectural Design（2，3，4
专业课部分	设计规划课	装饰画（2，3）	装饰画	装饰画（2，3）	装饰画	内部装饰（3）	内部装饰 Interior Decoration（4）
专业课部分	设计规划课					庭园设计（3）	庭园图案 Landscape Design（3）
专业课部分	设计规划课					都市计画（3）	都市计划 City Planning（4）
专业课部分	设计规划课	实地演习（2，3）	实地演习/实地实习	实地演习（2，3）	实地练习	建筑实习（2，3）	

说明：a/表中课程分类根据各课程的名称（中，英文）含义，开设学期，课时数，授课方式及内容性质等因素综合考虑，因现有资料所反映的信息不故存疑甚多，如（1）据张镛森称，'建筑意匠'即是建筑设计。但从前4组计划来看，各年级的设计课已满。另，日语中'建筑意匠'有偏型设计之意，故在前4组计划中视为建筑造型理论而列人'史论类'；（2）'装饰'一词从字面看有二种可能，一是（色彩）绘画，二是装修。在前4组计划中'自在画'课一、二、三年级已满，'装饰法（画）'又设在二、三年级，因此更象是装修类课。

b/表中各课名后所附数字为开课年级；

c/苏州工专计划根据其民国十五年'学生操行成绩单'各年级所开课程统计，与该校1924年公布的课表略有差别。

最重的科主任刘福泰1929年春学期高达47小时/周；个人任课门数亦很多，一般都在3～4门，李祖鸿1927年秋学期任课多达6门。此外，每位教师还多兼有校、(系)科内其他事务[20]。尽管聘有3～4个助教协助设计、规划与美术类课程的教学，但上述工作量对教师来讲（即便已是高薪、全职)[21]还是相当繁重的。

学生方面，各年级人数是25级6人，26级5人，27级未招生，28级2人，29级3人，30级5人（1931～1932年又由东北大学转来5人)，31级11人。自建科至1932年全校整顿前，全系学生数累计37人。同时在校的学生数最少11人，最多也不过26人，与教师之比5:1左右。本(系)科专业类课的周时数排得都很重，亦远超出计划：一年级10学时左右（一般其他公共课时较多)，二～四年级30～35学时左右。其中三、四年级“设计”课均不少于6（天）×3学时，美术课“素描”自一上至二下（2年)，“水彩”自二上直至四下（3年)。足见得中央大学对学生动手能力之重视。

教学条件上，由于有苏州工专移交的部分设备，再加上教师们“四处奔波”、“购买各种模型、彩画”与“大量中外图书，征集到许多较为珍贵的绝版书籍。”（见“张文”）从中央大学1934年10月有关仪器、模型及标本的统计资料看，除苏州工专移交的西古建筑柱式石膏模型9件、西古装饰模型10件外，至1931年止还先后购进“圣母半面石膏饰件”20件；“中古宫殿屋角木模型”南、北方式各1套，“斗栱木模型”南方式4件、北方式5件；“中国建筑彩画标本”130件；人体石膏模型77件；另外还有“幻灯机”、“银幕”各1件，“照相机”1台、“附件”6件。共计价值约5000元（国币)。此外，据统计，校图书馆藏量亦相当可观，“中文书中善本极多，西文书中亦多较珍贵者。”其中相关建筑与艺术类的有P. Gelis Didot所著《法国16～18世纪之绘画》、Paul Pelliot著《敦煌石室魏唐宋佛像佛经》(1914～1924年间出版的六巨册)，Arthur Pugin著《Gothic architecture》（1821～1838年之原本拓成，图样百余幅)。至此，中央大学建筑科应称得上颇具规模了。

综上所析，苏州工业专门学校建筑科与国立中央大学建筑科，是中国近代正规建筑教育史上高等专科与大学本科的首创者。它们在同一时代里相隔四年都在江苏境内应运而生。其奠基者都是从国外留学归来，而且深谙国情，因而所创的教学体系都对其“母本”作了适当调整，培养目标也有着切合各自实际情况的人才定位。由于后者的创建过程中，又有前者的主要成员参与，因此两者之间还有着一定的承递关系。

尽管如此，它们毕竟是不同层次与办学思路的建筑（系）科。首先，作为正规的国立首都大学，中央大学建筑科在师资学历、人才规格、管理水平与硬件条件等方面都有着苏州工专建筑科所无法企及的办学优势；其次，在中国当时崇尚欧美的大背景下，中央大学建筑科以欧美教学经验为主，部分吸取日本的做法形成自身的教学体系，这种博纳兼容所具有的学术优势，更是苏州工专建筑科较单一的日本化教学体系所无可比拟的。因此，将二者视为体系一致的两个阶段，则是不符合历史事实的。应该说，苏州工专建筑科与中央大学建筑科的创立，是同处于中国建筑教育创业阶段不同起点与性质的两个里程碑。

注释

①“科”即现在的“系”。中央大学1932年秋学期才统一改“科”为“系”。本文中央大学部分的论述即以此为界。

②“在古代，建筑技艺的传授同其他技艺的传授一样，主要靠师徒相承，口传心授。在世界建筑史上取得巨大成就的罗马，最早创办了建筑学校。从那时起将近两千年的时间里，建筑教育已发展成为最高学府的重要组成部分。”——童寯，方拥·外国建筑教育·中国大百科全书·建筑园林城市规划：.443。

③侯幼彬．中国建筑史［教材］．第二篇，第十三章。(待刊稿)

④1919年3月教育部颁发“全国教育计划书”，其中有关“专门教育”部分大意是：鉴于全国只有北京、北洋、山西三大学且偏北方，各公立专校又欠完备。建议在南京、武昌、广州等地添设大学，并视各省情形增设高等专门学校（即大专)。　舒新城．中国近代教育史资料（上册)：267。

⑤从时间看，建科时该校还应是“公立第

二工业专门学校”。另据清华大学赖德霖考，“苏省铁路学堂”1906年已设有建筑班。因此，可以认为是我国“中专”建筑学类教育之先例，进而可视其为苏工专建筑科之前身。赖德霖·中国现代建筑教育的先行者·建筑历史与理论（第5辑）：71～75。

⑥据湖南大学建筑系闵玉林、石逸·柳士英创建苏州工业专门学校建筑科·一文称，“该科自1921年筹办”，（南方建筑，1994（3）：19）因此”，应是柳士英回国后的次年。

⑦柳士英之兄柳柏英（字成烈）长其6岁，在父母姐姐相继去世后送其入学，后又带去日本留学，对其影响很大。柳伯英是民主主义革命人士，积极主张兴办近代教育，曾在上海、苏州开办体育学校。另外，在忆及苏州工专时，柳士英说到：“我当时还在上海执行建筑业务半工半教，由于那时社会逐渐对这门专业的需要，我才意识到建筑教学的重要。”·南方建筑·1994（3）相关诸文。

⑧因苏州工专设有土木科，故通常“办学”、“结构”等课建筑科不自行开设；又因其染、织两科有原中等工业学堂“染织”、“图稿绘画”两科班底，而从当时学制（壬寅学制）中有关中等工业学学科之规定的所开课看，“图稿绘画”相当于今“工艺美术”专业。详见1903年奏定中等农工商实业学堂章程（舒新城·中国近代教育史资料：754）事实上建筑科也始终无专职美术教师，故此，笔者将“投影画”、“美术画”等归为非本（系）科开设课程。

⑨从苏州工专“学生操行成绩单”可见，二年级（时间应为1924～1925学年）所列的“建筑史”、“意匠学”成绩空缺。笔者暂推断为该课至此尚未实际开出。因此，1925年下半年以前，一年级只有“建筑图案（即建筑初步）”与“洋屋构造”、二年级只有“中国营造法”与“卫生建筑”诸课程由建筑科真正开出。

⑩刘敦桢先生1921年3月于东京高等工业学校建筑科毕业，1922年春回国到上海，先受聘“上海绢丝纺织公司”任建筑师，后参加“华海事务所”。1925年6月回到家乡长沙，在湖南大学（据湖南大学人文学院许康称，该校1913年始称“工业专门学校”，1926年才改“湖南大学”·南方建筑1994（4）：6）土木系任教授。1926年秋，应柳士英之邀至苏州工专建筑科执教。详见陈敬（刘敦桢先生夫人）、刘叙杰（刘敦桢先生之子，东南大学教授）·履齿苔痕·东南大学建筑系成立七十周年纪念专集建筑师1997：49；刘叙杰·创业者的脚印·建筑四杰：6。

⑪苏工专归并后，第四中山大学即在其原址成立了附属于工学院的“苏州职工学校”，设有染织科。1930年7月，该校由省教育厅接办，1932年改为“省立苏州工业学校。”抗战期间该校曾迁往上海，光复后又迁回苏州。1947年时，该校设有纺织、机械、土木、建筑四科。建筑科主任是江苏籍的留日学者蒋骥。解放后该校更名“苏南工业专科学校”。1956年，该校与东北工学院、西北工学院、青岛工学院有关系科合并，在西安成立“西安建筑工程学院”（即现“西安建筑科技大学”前身）。

⑫1921年10月至1922年，国际教育会东方部主任，美国人孟禄博士多次来东南大学参观考察，认为该校将来可成为东方教育之中心，“是中国最有希望之大学”，“将来该校之发达，可与牛津、剑桥两大学相颉颃。”20年代初，美国哈佛大学与麻省理工学院想在中国物色一所合适的大学，合办工科大学，孟禄博士遂向其推荐东南大学。二校曾派员来宁考察、洽谈，拟定了有关计划。……后因连年兵战、省财政又紧，中方无钱按约购地建房，计划终于落空。　东南大学史：135。

⑬按该条例，（转引自·南京大学史：95），副教授必须是“外国大学研究院研究若干年，得有博士学位者”、教授必须是“副教授完满二年以上之教务，而有特别成绩者”，所以芝加哥大学博士吴有训、哈佛大学博士竺可桢、哈佛大学毕业生闻一多、法国国家博士严济慈等均因不满年限而聘为副教授。

⑭康德尔（Josiah Conder，1852～1920年）“生于伦敦，在南肯新顿美术学校及伦敦大学接受建筑教育，曾在当时英国代表建筑师巴杰斯（W.Burges）事务所当助手，其间在英国皇家建筑学会的设计竞赛中获得优胜奖，是被寄予厚望的英国青年建筑师。”“……他设计及教予日

本建筑师的，是欧美现代运动前折衷主义时代的建筑学及样式，康德尔自身作为建筑师所受教育，也是来自折衷主义最盛时期的英国。．吴耀东·日本现代建筑：15～17。

⑮“1920年，日本最初的近代建筑运动‘分离派建筑会’结成，举起了革新大旗，成为由‘过去建筑圈’向‘新建筑圈’过渡的桥梁。”·吴耀东·日本现代建筑：27。

⑯atelier一词为法语，字面意为“画室、作坊、工作间等”。建筑教育上是指17世纪中叶起，在法国出现的一种师徒式的设计工作室。学生们在此学习建筑设计，由美术学院以讲座形式讲授其它理论课并负责组织各类设计竞赛。“画室”由学生自行组织与管理，导师也由学生自己去请。其形式有别于“事务所”或合同式的学徒场所，是一种松散的私人建筑学校。顾大庆．INTRODUCTORY EDUCATION IN ARCHITECTURAL DESIGN［博士论文］。瑞士．苏黎世高工（E.T.H.）：46～55。

⑰参见JOHN F. HARBESON. THE STUDY OF ARCHITECTURAL DESIGN. THE PENCIL POINTS PRESS，INC. 1926.

⑱奚树祥·美国建筑教育家谈建筑教育·南京工学院学报，1979（3）：123～124。

⑲洋务运动时，国内曾掀起翻译西方科技书籍高潮，据统计1853～1911年间出版468种，其中几乎找不到什么建筑学译书。详见许康·史料拾零及背景管窥·南方建筑，1994（3）：6～7。

⑳根据1928年中央大学公布的“大学教员薪俸表”，教师（各为三级）的月收入是教授400～500元，副教授300～340元，讲师220～260元，助教140～180元。而社会上当时的中学职员最低35元，县政府秘书及各局局长80～180元。南京大学史：95。

参考资料

1. 中国大百科全书·建筑，园林，城市规划卷及中国大百科全书教育卷，中国大百科全书出版社，1988，1985年
2. 舒新城．中国近代教育史资料．人民教育出版社，1985年3月
3. 柳士英先生诞辰100周年纪念专辑．南方建筑1994（3）
4. 东南大学史．第一卷．东南大学出版社．1991年10月
5. 南京大学史．南京大学出版社．1992年5月
6. 中国第二历史档案馆、东南大学档案馆有关中央大学史料

潘谷西　东南大学建筑系教授，博士生导师

单　踊　东南大学建筑系副教授，博士研究生

中国城市规划近代及其百年演变

李百浩　刘先觉

一、引子

分代或分期问题，是任何史学研究的第一步。同样，如何分代或分期也是中国近现代城市规划史研究中的最重要问题。那么，进行分代或分期研究的主要原则又是什么呢？

是按通史的政治变革、社会发展，还是按城市规划自身的事件分代或分期？我们知道，时间、空间、事件是言史必备的三要素。①可以设想，如果没有外国列强入侵这个时间和事件，中国的近现代史将要重写。尤其是对于非欧美圈的亚非拉国家来说，研究"近代"的意义特别重大。因此，这里主张在研究中国近现代城市规划时，首先应先分代后分期，分代的意义大于分期；在古代、近代、现代的"代"的确定上，应以中国政治变革及社会发展的时间、空间、事件为准绳，尤其是对于近代的始与终问题。这也是本研究先从分代问题入手的缘由。

在"代"的确定基础上，也就是说在各个"代"中的分期，应按照形成城市规划自身特点的时间、空间、事件为主，参照政治变革与社会发展的时间、空间、事件来进行分期，这一点尤其适用于中国近代城市规划研究。

二、中国城市规划的近代

与通史和其他学科一样，中国城市规划史也是古代部分详细、深入，近现代部分相对薄弱。历史既是过去，更是现在与未来。因此，实事求是地确定中国城市规划中的"分代"，不仅能准确地把握城市规划进程中的普遍性和特殊性，而且对于未来中国城市与城市规划学科的健康发展，有着极其重要的意义。

从城市规划与建设史的研究成果来看，古代史部分与通史和建筑史相同，即中国古代城市规划史是中国的原始社会、奴隶社会和封建社会三个社会形态城市规划发展的历史；②而近代史部分，则是指从1840年鸦片战争开始至1949年中华人民共和国成立止，这一段半殖民地半封建社会城市规划及其建设发展的历史；现代史部分，主要是指从1949年以后的中国社会主义社会阶段城市规划及其建设发展的历史。③

无论通史还是专门史，古代史是一致的，主要分歧点在近代与现代，并且鸦片战争作为中国近代的起点已成共识。在分代问题上，应该注意到有两个关键事件：鸦片战争和1949年。这两个事件既有中国步入近代与现代的时间之意，又显示出中国步入近代与现代的背景缘由。因此，本研究确实：中国近代城市规划（1840～1949年），中国现代城市规划（1949～现在），主要基于以下考虑：

①作为专门史，城市规划史的分代，可以不与通史一致，也不一定硬套国际史，这正说明了中国城市规划史的特殊所在。只有这样，既可以补充和完善通史，又可以与国际史进行比较；

②政治与经济是影响城市规划的两大主要因素。与中国近现代经济史、政治史④保持一致，反而更能把握中国城市规划的演变过程和特征。

③目前的近代也好，现代也好，将来都会成为古代史。所以，英文Modern，译作"近代"、"现代"或者干脆"近现代"都可以，但中国的"近代"与西方的"Modern"不能等同。词汇是次要的，重要的是词汇的含义；

④1949年前后的中国城市规划有无连续性，是正确认识中国近现代城市规划的一把钥匙。以往研究中的取消近代史也好，取消现代史也好，[5]或者称1949年以后的中国现代城市规划，[6]都表现出1949年前后的非连续性，否认其中的连续所在。无疑，鸦片战争使中国演变为半殖民地半封建社会，1949年以后中国又进入到新民主义义社会，无论在哪一方面都发生了质的变化，非连续性是显而易见的。但任何事物的发展都是连续不断的，只不过对于1949年前后的中国城市规划来说，非连续是显现的，连续是隐藏的；非连续是现象的，连续是本质的；作为政治的、行政的、社会的、经济的城市规划是非连续的，作为科学的、技术的、文化的城市规划是连续的。

由此可见，中国近现代城市规划是一个整体，鸦片战争至1949年的半殖民地半封建社会的城市规划为近代部分，1949年以后的社会主义社会的城市规划为现代部分。

三、中国近代城市规划的百年简史

1. 历史分期

中国近代城市规划的百年演变史分期，一定要着重于中国自身的城市规划思想及实践在各个时期不同的特征。在强调每个时期特征的同时，更要注意贯穿于整个发展过程中的变化及问题。据此，划分为以下几个时期：

第1期：萌芽期，半殖民地半封建城市的出现与西方城市建设技术的传入（1843～1895年）；

第2期：孕育期，殖民主义城市规划的形成与西方古典城市规划的导入（1895～1927年）；

第3期：形成期，欧美近代城市规划的导入与中国近代城市规划的形成（1927～1937年）；

第4期：制度期，中国近代城市规划的“进步”与殖民主义城市规划的崩溃（1937～1945年）；

第5期：夭折期，中国近代城市规划的复兴与夭折（1945～1949年）。

关于以上的分期，既有因为某一年的某一具体事件而明确划分的，也有本来就是连续发展而难以进行明确划分的。

区分第1期与第2期，是因为1895年中国第一个市政机关——上海马路工程局的成立。但马路工程局的设立又与1860年上海县刘郇膏进行第一次行政区划及外国租界的开发有关，因此这两个时期既有明显的变化，又有相同重叠的部分。同时，这一年也是中国近代史上重要的一年，如甲午战争爆发、中日《马关条约》订立、1895年之后形成了租界设立的第二期（以日租界为最多）等。此外，中国近代的理想社会思潮，从太平天国到孙中山的《建国方略》、毛泽东的“新社会”[7]设想，跨越了这两个时期。

第2期与第3期的区分，是由于1927年（民国十六年）国民政府定都南京，产生了中国近代最早的城市规划——南京首都计划和大上海市中心区计划；第3期与第4期，是由于1937年芦沟桥事变而开始了八年抗战，一切从军事出发；第4期与第5期的1945年，抗日战争胜利。但是，1938、1939年颁布的《建筑法》与《都市计划法》，[8]战时只在小范围被应用，而真正实施则是在战后；战后准备颁布成立的《都市计划委员会组组织通则》，却早已在战争年代开始酝酿。[9]

2. 各期概要

为了更宏观地鸟瞰近代时期中国城市规划的全体，这里仅对各个时期的概要及其主要内容作一简单介绍。

1）萌芽期

鸦片战争后的中国城市，出现了原本为中国政府租与外国商民居住、贸易的居留地，反而成为西方列强殖民中国、中国人接触西方的城市与市政建设技术的栈桥。此时期以英法之租界为最多，上海公共租界就是在此时期设立的，所以此期亦被称为“租界时期”。这种在中国既有旧城之外出现的“新式”贸易居住街区，不仅使近代中国出现了半殖民地半封建城市，而且也带来了西方商业主义及殖民主义的城市规划及其建设技术，促成了中国近代城市规划的萌芽。

这样，在最早设立租界的上海，1860年刘郇膏第一次规划实行行政区域的区划，1865年江南制造局设立兵工厂，1895年12月成立了中国第一个市政机关——上海马路工程局，[10]出现了始于以修筑马路等市政建设为主的最初中国近代城市规划之雏形。中国既有城市开始向半殖民地半封建城市转化；中国传统的城市规划形态与制度开始分化瓦解。

此外，这一时期还产生了至今鲜为人知的中国乌托邦——空想主义的理想社会思潮，如1851年太平天国的理想农业社会主义空想；1882年陈虬在浙江瑞安建立的“求志社”，[11]持续了七八年，可以称为中国的“新协和村”；1895年张謇在南通所设想的“模范社会”模式等等。这些对以后中国城市规划近代化之路的探索，都有着重要影响。

2）孕育期

这一时期，从1895年至国民政府定都南京的1927年止，长达30多年。从丧权辱国的《中日马关条约》的订立，到戊戌变法（1898年）、辛亥革命（1911年）、清王朝灭亡、中华民国建立、“五四”运动、北阀、国民政府最后定都南京，整个国家处于风雨飘摇之中，整个城市规划与建设政策更无从谈起，各个城市没有整体的市政组织与政策可言，缺乏城市建设经费及设施，故一切可谓堕入混沌状态。

1895年至1905年，形成了以日本租界为最多的第二次租界设立时期。除此之外，近代中国版图上，还出现了最初的完全西方古典城市规划，如俄罗斯的哈尔滨（1896～1920年）、大连（1896～1905年）及德国的青岛（1897～1914年），殖民主义城市规划从第1期的城市局部地区走向这一时期的一个完整城市的规划，也是中国近代城市规划史上最早的由规划而建设的完整城市。这种始于“西方古典式”或者说“殖民主义”的中国近代城市规划，与欧美近代城市规划始于“西方近代式”，形成明显对照，可见中国近代城市规划的形式、内涵、意义等特殊性。

这一时期，日本殖民势力不断扩大，并继承西方殖民主义城市规划的衣钵，在中国的侵占地上进行大规模的城市规划与建设活动。[12]

百闻不如一见。外国殖民者的新区（租界、铁路附属地、通商场等）与新城市规划建设，直接影响了中国人自己的近代城市规划实践。“马路主义”的城市改造与商埠建设，作为这一时期中国城市规划的突出特征，具体表现为“从街道到马路的城市改造以及从马路到街区的新区开发”这样一个近代中国最初的城市规划与模式。可以说，这种影响直到今天仍然存在。

顾名思义，“马路主义”就是在城市规划与建设中，以马路以及与马路相关设施的建设为主，无论是改造旧城，还是新市区（商埠）开发，所强调的中心即“马路”。“马路”一词，成为这一时期城市规划与建设的代名词。

在改造旧城方面，如1897年上海马路工程局开筑完成南市外马路，是中国市政工程建设之始；[13]1914年成立了全面负责北京城市规划和公共工程的政府机构——京都市政公所[14]等等。城市改造的主要任务，就是拓宽、拉直中国原有的街道变成西式的马路；改造城门、拆除城墙、填埋护城河修筑环城马路；将官方或私人的御园、花园改造开放为城市公园；新设的道路也统统以“马路”命名等等。

商埠开发，也与晚清政府推行的“新政”改革有直接关系。如1903年的天津河北新市区规划；[15]1904年伴随着胶济铁路通车济南等商埠的自行开辟；[16]1914年北京“香厂新市区”的规划设想[17]等等。这一时期的新市区规划，是中国近代史上最初的具有“新”概念意义的城市规划实践，孕育着中国近代城市规划的开始形成，亦影响了以后的新市中心区运动，如大上海市中心区规划等。

无论是城市改造还是商埠开发，都表现出要将中国既有城市改造或建设成为类似租界的形式之意。在这里，西方的形式与技术，成为城市规划与建设之范式。

此外还应注意到，这一时期产生了中国最初的现实主义理想社会思潮，如孙中山的《建国方略》、毛泽东的“新社会、新村”构想等，这些对中国从近代到现代的城市发展及其规划与建设都有着不可忽视的影响。

3）形成期

1930年5月21日，国民政府正式公布《市组织法》，中国的城市建设曾一度进入崭新阶段，一切市政建设已有国家及市级的法规所依循，并且也有固定的市工务机构及建设经费。当时各主要大中城市，均已制定公布了各自的“建筑取缔法规”，城市规划开始步入制度化。

在城市规划的制定方面，进行了中国近代史上最早并具有特别重要意义的三大规划实践：1927年的上海新市区及中心区规划；1928年的南京首都计划；1930年的天津特别市物质建设方案[18]等等。虽然这些规划实践均有欧美人的参与或影响如

1928年南京的首都计划，聘请美国人墨菲Henry K. Murphy与古力治Ernest P. Goodrich作为国都设计技术顾问；1929年冬，上海市政府邀请美国市政工程专家龚诗基（C.E.Grunsky）和弗立泊两人，作为市中心区建设的咨询顾问工程师；1936年，广州成立黄埔港计划委员会，负责主持广州南方大港之计划，省政府聘请美国著名市政设计家E.p.Goodsich为技术顾问；即使天津特别市物质建设方案的设计者梁思成、张锐，也是在美国接受的建筑教育和市政教育，却直接在中国介绍和导入了西方近代城市规划思潮及技术，而且在强调发扬中国固有文化、民族主义方面也进行了有益探索。根据此时期中国人的城市规划活动居于主导地位这一事实，可以认为中国近代城市规划已经“自立”了。

在学术方面，大量的国外城市规划理论、思潮及技术被介绍到中国，如1936年卢毓骏翻译出版的柯布西埃《明日之城市》[19]就是一例，即使今天也未有此中文版本。在学术机构与教育方面，大学的法学系设有市政专业、在工程类专业内开设都市计划课程；与城市规划职业相关团体先后成立，如中国建筑师学会、中国工程师学会、中国市政学会，这些都对中国城市规划的近代化起过不可估量的作用。值得一提的是，1933年2月中国近代第一份“城市规划”杂志——《市政评论》月刊在北京创刊，以后又在杭州、重庆和上海继续出版，一直到1949年。

此外，日本殖民者在其侵占地也进行了大规模的城市规划活动，尤其是1931年以后，整个东北成为日本进行欧美近代城市规划的“实验场”。这一时期的日本殖民主义城市规划，一改以往商业主义、西方古典主义的殖民地城市规划模式，开始转向以欧美近代式与日本近代式（实际上也是欧美近代式）作为殖民地城市规划的范式。从全世界殖民主义城市规划史来看，日本是最早也是唯一应用正宗的欧美近代城市规划原理，来经营其殖民地。[20]

4）制度期

众所周知，这一时期是抗日战争的八年。八年抗战的唯一目标，就是赶走殖民者、挽救中华民族、取得最后胜利。因此，中国的一切只能是从战争出发，作军事考虑，城市规划与建设也是如此。正是在这种背景下，中国近代城市规划制度却得到了长足进展和建立。

从欧美近代城市规划的演变史可知，“制度性”是近代城市规划的精髓。只有建立完整的城市规划制度，一切建设才能有法可依。随着欧美近代城市规划在中国的传播和介绍，建立中国的城市规划制度体系，是这一时期中国近代城市规划最重要的特征。

国民政府于1938、1939年，分别颁布了中国近代史上最初的《建筑法》、《都市计划法》；“行政院”于1939年公布了《管理营造业规则》；1940年国民党军事委员会，又从为战争出发、为军事考虑而制定了《都市营建计划纲要》；1942年国民政府又公布了《公有建筑限制暂行办法》；1943年4月内政部公布《县乡镇营建实施纲要》；1944年11月内政部公布《县镇营建委员会组织规程》；1944年12月内政部公告《建筑师管理规则》；1945年2月26日内政部公布《建筑技术规则》等等。[21]此外，这一时期还开始酝酿建立最初的城市规划组织机构：内政部营建司为其行政主管部门的“都市计划委员会”，并酝酿起草《都市计划委员会组织通则》（战后正式颁布）。正是这样一系列城市规划法规、制度和机构的公布与建立，才使中国近代城市规划与建设开始走向“制度化”，从而也成为中国近代城市规划的成熟与进步之标志。从此以后的一切城市规划及建设活动，如《陪都十年建设计划草案》与“陪都计划委员会等”，均与以上法规制度有关。

在城市规划研究上，具有浓厚的战争色彩，出现了基于欧美近代城市规划原理而提出的“防空城市规划学”[22]以及上述的《都市营建计划纲要》。1941年3月，在重庆正式成立“国父实业计划研究会”，其成员有：中国建筑师学会的陆谦受、杨廷宝、梁思成、鲍鼎、黄家骅，中国工程师学会的陈立夫、沈怡、凌鸿勋，中国土木工程学会的夏光宇、茅以升、赵祖康以及朱泰信（皆平）、汪定曾、李惠伯、赵士奇等人，并于1943年8月出版《国父实业计划研究报告》，以实业计划作为城市规划及建设的背景，提出了中国“城市建设方案”。

在规划建设技术上，广泛移入欧美近代城市规划技术中有利于战争的那部分，如土地区划整理、建筑线、田园市、城市规划区域、取消市中心、小集中大分散用地区分等等，分散主义城市规划成为战争时期的最明显特征。例如，战前所确定的国民政府政治区规划，就是在这种背景下搁浅直至流产。

在抗日战争时期的沦陷区，日本殖民者的城市规划活动主要集中于东北、华北、华中等地，如伪满、大连、北京、天津、太原、大同、济南、上海。这些沦陷区的城市规划，除了表现出明显的军事性质外，还可以看到当时被广泛传播到日本的、又很难应用于日本国内的欧美近代城市规划理论与技术的照搬，如大连的区域规划、大同规划中的卫星城及邻里单位、北京规划中的邻里单位和绿地带、上海规划中的高层区等，使沦陷地成为日本侵略者进行欧美近代城市规划理论与技术"实验场所"。同时，随着日本侵略战争的崩溃，殖民主义城市规划也走向最后的灭亡。

5）夭折期

由于日本的侵略战争，中国城市遭受了极大毁坏，城市居民生活处于极大困难状况。甚至有的城市如同废墟。同时，由于抗战胜利，中国民族精神高涨，并且整个中国的政治、经济、社会等各个领域，也处于百废待兴之中。很自然，城市的规划与建设复兴、重建，首当其冲，认为"都市计划为国家百年大计，谋市民安居乐业之计划"[23]。

在城市规划行政、学术领域，提出了"战争破坏有利和规划建设机遇"之观点。也就是，战火的破坏，自然会带来大量建设，城市必需重建或新建；正由于这种破坏，铲除了常规下难以解决的、与欧美"新式"城市不相称的中国旧城，有利于中国旧城的改造和更新[24]。

在城市复兴政策上，提出了战后城市规划的类型和方针，即"既有城市的改造规划、扩建规划以及新城规划"三种类型；以及"实用、美化和经济"的城市规划三原则[25]。

在战后城市规划的制定与实施上，内政部大力推进《都市计划法》的实施，并在较短的时间内，制定了一系列法规、办法和规定，以指导城市规划的正确制定和顺利实施。例如，1945 年 11 月行政院公布了《收复区城镇营建规则》与《公共工程委员会组织规程》；1946 年 4 月内政部正式颁布了《都市计划委员会组织通则》等等。至 1946 年底，有 15 个城市成立了"都市计划委员会组织"，9 个城市成立了"公共工程委员会组织"，大部分委员会进行了实实在在的工作，开始制定研究各自的城市规划或城市建设规划，相继完成了 5 个院辖市、18 个省辖市和众多县城的城市规划或建设大纲，比较完善的如重庆的"陪都十年建设计划"，上海的城市规划一、二、三稿，武汉的区域规划等等。

从两委员会的组织规定内容来看，无论是都市计划委员会，还是公共工程委员会（相当于今日的城市建设委员会），既是城市规划及建设的制定机构，又具有城市规划咨询机关之性质，也是国家及地方行政事务的一部分（但却是名誉的），体现了这一时期中国近代城市规划所具有的政策性、民主性、科学性等特征。

虽然这一时期，表现出中国近代城市规划史上前所未有的"进步"现象，但由于国内战争的不断扩大，再一次中断了中国近代城市规划的发展和深入，最终使中国近代城市规划夭折。例如，全面引入的区域规划、国土规划、工业城市规划等欧美近代城市规划理论和技术，形同纸上谈兵；近代唯一可能性的"修正都市计划法"和"全国都市计划委员会（首次）"，也因战争而被迫流产等等。

尽管这样，这一时期所制定的某些城市规划方案以及所形成的城市规划思想与技术，在解放战争后的新中国城市规划与建设恢复中，仍得到了应用和实施，使中国城市规划从近代向现代的过渡中，起到了一种隐藏式的连续作用。

四、结语

通过以上对中国城市规划的近代及其百年演变历史的论述，可以看出中国近代城市规划有如下特殊性：

①中国城市规划的近代，不是孤立的，与现代是一个连续的过程。近代是现代的基础；

②中国近代城市规划的形成，并非是欧美的"工业革命→工业化→城市化→工业城市→城市问题→近代城市规划"模式，而是"外国列强倾销工业产品→商业化→城市化→殖民地城市或商业城市→殖民主义城市规划"这样一个模式。因此，中国城市规划的近代性，具有与欧美的近代性不同的含义；

③中国近代城市规划，属于嫁接型城

市规划，是跳跃式发展的，其实践也不存在内在联系，既包括西方古典的、近代的，也包括第三国家的，是一部“外国城市规划的接受与影响史”，具有“中国的世界史”之性格；

④战争在中国近代城市规划的历史中，扮演着重要角色。由于鸦片战争而孕育产生，由于抗日战争而成熟发展，由于解放战争而中断夭折。

近代中国的城市规划是一部多源流、多体制、多形式的历史，一篇文章难以详细概括。本文旨在抛砖引玉，愿更多的研究者关心它、研究它。

注释

①顾孟潮．第二次中国近代建筑史研讨会论文集，1988

②董鉴泓．中国城市建设史．北京：中国建筑工业出版社，1985
贺业钜．中国古代城市规划史．北京：中国建筑工业出版社，1996.30～31

③王凡，赵士修，陈为邦．中国现代城市规划．见：中国大百科全书出版社编辑部编．中国大百科全书（建筑·园林·城市规划卷）．北京，上海．中国大百科全书出版社，1988.574～575

④孙健．中国经济史——近代部分（1840～1949年）．北京：中国人民大学出版社，1997

⑤邹德侬，曾坚．论中国现代建筑史起始年代的确定．建筑学报，1995（7）.52～57

⑥龚德顺，邹德侬，窦以德．中国现代建筑史纲．天津：天津科学技术出版社，1989.2～3

⑦毛泽东．学生之工作．见：中共中央文献研究室，中共湖南省委《毛泽东早期文稿》编辑组，编．毛泽东早期文稿．长沙：湖南出版社，1995.449～457

⑧国民政府内政部营建司编．营建法规（第1辑），1945

⑨中国第二历史档案馆．全宗号十二（6），案卷号20270

⑩屠诗聘．上海市大观．上海：中国图书编译馆，1948．上29—30

⑪董鉴泓．中国东部沿海城市的发展规律及经济技术开发区的规划．上海：同济大学出版社，1991.43—44

⑫李百浩．日本在中国的侵占地的城市规划历史研究（博士学位论文）．上海：同济大学建筑城规学院，1997

⑬屠诗聘．上海市大观．上海：中国图书编译馆，1948．下100

⑭史明正．走向近代化的北京城——城市建设与社会变革．北京：北京大学出版社，1995

⑮罗澍伟．近代天津城市史．北京：中国社会科学出版社，1993

⑯济南市城市建设历史资料（1904～1948）

⑰董豫赣，张复合．北京“香厂新市区”规划缘起．见：汪坦，张复合．第五次中国近代建筑史讨论会论文集．北京：中国建筑工业出版社，1998.63～81

⑱梁思成，张锐．天津特别市物质建设方案．天津：北洋美术印刷所，1930

⑲L. Corbusier，卢毓骏译，王煊蕃校．明日之城市．上海：商务印书馆，1936

⑳同［12］

㉑同［8］

㉒卢毓骏．新时代都市计划学．南京：私家版，1947

㉓（都市计划专辑）刊词．市政评论，1947，9（8）：30

㉔张金鑑．市政建设的时机与方向．市政评论，1941，6（5）：28～30
龙冠海．资料：我国战后都市建设问题．市政评论，1947，9（7）：48
哈雄文．战后我国都市建设之新趋势．市政评论，1947，9（8）：3～5

㉕哈雄文．新中国都市计划的原则．公共工程专刊（第二集），1947

李百浩，东南大学建筑系博士后
刘先觉，东南大学建筑系教授，博士生导师

中国私家园林的流变（上）

陈　薇

引言

我曾经读过一本书，曰《美是一种人生境界》，读后感触良多。该书作者从人生的经历出发，引发了关于审美理论困惑与澄清的若干探讨。其可贵之处，一是对皮肉上熬出来的信仰的追求；二是背离了传统美学的思路，独辟蹊径地将现实人生作为美学主要研究对象的大胆。

实际上，古往今来，个性的感觉中总存在蕴含着一些共性的东西，这就是我们现在读千古文章仍有人生感悟的原因。或许正是在这个层面上，中国古代私家园林，于今仍受青睐，即私家园林是以人生追求为出发点的，恰为可贵。

对于中国古代私家园林，论著尤丰，认识则见仁见智。如涉及最多的“意境美”问题，其思想底蕴就有儒、道、佛各说法。一说儒家之中庸、平和，对园林讲究含蓄影响最深；二说道家以自然为本，实为园林追崇自然之趣的肇始；三说佛家注重空灵，是园林的最高境界；也有综合一二而舍弃三者，等等等等，不一而足。然反观园林遗存和文献，私家园林之根本还是和园主人自身关系最密切。适时适地适处，成就了他们的人生追求。园林无疑为最真切的表现。

诚然，个人不能脱离背景，这就是我们讲的时代性、地域性和一个阶层的大环境对个人的影响和作用，但私家园林之独特，还在于因时因地因材和因人。也正因为此，我们才能看到留存下来的纷彩的私家园林。

考证“私家”出处，几乎均与“皇家”相对，又有与“公家”相别之说。几已成约定俗成。从中国封建晚期的情形看，私家园林和皇家园林风格迥异，各成特征，已无非议。因此在人们的认识中，似乎私家园林总是内向的、亲切的、精致的、小巧的，其实不然。它的跌宕起伏，多维变化，经历了丰富的发展过程。

《礼记·礼运》：“冕、弁、兵革，藏于私家，非礼也”。孔颖达疏：“私家，大夫以下称家。冕，是衮冕；弁，是皮弁；冕弁是朝廷之尊服，兵革是国家防卫之器，而大夫私家藏之，故云非礼也”。私家，即古代大夫以下之家①。

中国古代统治阶级，在国君之下有卿、大夫、士三级。大夫以下，主要是指大夫和士这个阶层了。关于大夫，在各朝代屡有变化，秦汉以后，中央要职有御史大夫，备顾问者有谏大夫、中大夫、光禄大夫等。隋唐以后，大夫为高级阶官称号。关于士，商、周、春秋时，为最低级的贵族阶层。春秋时，士多为卿大夫的家臣，有的有食田，有的以俸禄为生，所谓《国语·晋语四》云：“大夫食邑，士食田”②。春秋末年以后，士逐渐成为统治阶级中知识分子的通称了。与此同时，还有盖将“大夫”和“士”合并为“士大夫”一说，是智力优异的知识分子，泛指官僚阶层。《考工记》：“作而行之，谓之士大夫”，郑玄注：“亲受其职，居其官也”。当时，儒教是最能代表这个阶层世界观的思想，所谓以“道”自任。汉时，《史记》、《汉书》中均常见“士大夫”的字样，不过《史记》中的士大夫，主要指武人而言，而孔子、萧何、曹参、梁孝王等俱列为世家，管子、老子则入列传。唯《汉书》系东汉人手笔，班固著史时，其所用名词，可能已渗入当时社会所流行的意义，至少在东汉，所谓士大夫可以在概念上将皇戚、士族、大姓、官僚、缙绅、豪右、强宗等不同的社会称号统一起来。

我们要谈的私家园林，该是从这个阶层的园林说起。这个阶层的人，有地位、有文化，他们的思想意趣，随朝代更替、社会变化、经济盛衰、风尚流行等，反应最敏感；他们的地位升迁也最模糊，进可接近皇室，退则成为士民。这种特有的边缘人层次，决定了中国古代私家园林自开始就是独特的，且在后来的发展中呈现出丰富多彩的画面。

（一）第一阶段：从分享自然到铺陈自然（先秦——汉）

在我们了解早期私家园林之前，园圃不得不提。西周时期，随着农业生产的进步，园圃业有了较大发展。《周礼·天官·大宰》曰："园圃毓草木"，郑玄注："木曰果，草曰瓜"，泛指树木与蔬菜两大类。金文中园字作"[illegible]"（甲骨文中尚未出现园字），是其象形表现。《诗经·郑风·将仲子》有"无窬我园"之句，郑注曰："树果蓏曰圃，园其樊也"，可谓佐证。然而，何等人享有园圃呢？《礼记》王制曰："上农夫食九人"，"诸侯之下士视上农夫，禄足以代其耕也"。可以看出，士不田作，但享有土地，必然相应拥有农田、园圃。《诗经》中有不少关于园圃的描写[3]，这些园圃一般靠近住宅，不仅可提供生活资料，成为生活空间的一部分，而且有了观赏价值。

至春秋战国时，王公贵族的宅第普遍园圃化。卫国的孔圉有宅在园圃中[4]，鲁国的季武子、季文子都有园圃[5]。园圃改善了居住环境，同时也是主人日常宴饮游玩的主要场所。可以说，园圃是私家园林最初之状态，与之相呼应的是庭园中自然植物占有相当的比重。"合百草兮实庭，建芳馨兮庑门"[6]，显然是指在庭院中栽种花草，《楚辞·九歌·少司命》曰："秋兰兮麋芜，罗生兮堂下。绿叶兮素枝，芳菲兮袭予"，为文献之证。

传说战国时代庄周居处的漆园，恐怕是有案可稽的最早的私家园林了。庄周为河南归德城东北的人，楚威王听说庄周贤能，意欲请他为相，他不应此任，退居而著《庄子》。漆园在归德城东北的小蒙城内，传说他居于该地时梦见蝴蝶变化，遂著庄子思想。考察战国诸子百家，各有所长，如墨子、韩非、苏秦、张仪等都出于这一时代，但此时这一阶层的人已是"游士"，不如春秋时代礼乐传统最成熟阶段时"士"都是有职之人，在现实中，游士承受巨大生活压力，才智虽优而财力缺乏，故估计漆园只是园圃性质，仅分享自然情趣而已。

秦汉之际，一方面，由于秦时驱逐游士带来士人数量减少，另一方面，汉高祖又复"慢而侮人"（王陵语），甚至解儒生冠而溲溺其中[7]，从而士人地位尘下，于政权之建立鲜能为力。在这种情形下，一般私家园林只配园圃扩大以娱情，如河南淮阳于庄西汉前期墓中出土的一座大型陶宅邸，住宅的右侧为一庭园，其中有园圃池塘，田地划分整齐，便是此种情形。又如汉宣帝时期的辞赋家王褒撰有《僮约》，其中描述了蜀郡王子渊的后宅园，园中"种植桃李，梨柿柘桑。三丈一树，八尺为行。果类相从，纵横相当。……后园纵养，雁鹜百余，……长育豚驹"[8]，亦如此，同时可看出汉时私家园林中，除植物外又有动物作为赏物。

西汉中期以后，工商巨富垄断经济，"贵人之家，……宫室溢于制度，并兼列宅，隔绝闾巷，阁道错连足以游观，凿池曲道足以骋骛，临渊钓鱼，放犬走兔……"，"积土成山，列树成林"[9]，私家园林已很铺张。甚至有豪富袁广汉园，斗胆仿皇家园林而建，不过最后袁招致被杀。据载，"茂陵富民袁广汉，藏镪钜万，家僮八九百人。于北（邙）山下筑园，东西四里，南北五里"[10]。《西京杂记》描述说："激流水注其内。构石为山，高十余丈，连延数里。养白鹦鹉、紫鸳鸯、牦牛、清兕、奇兽怪禽，委积其间。积沙为洲屿，激水为波涛，其中致江鸥海鹤，孕雏产鷇，延漫林池。奇树异草，靡不具植。屋皆徘徊连属，重阁修廊，行之，移晷不能遍也"[11]。袁获罪被诛后，园被没入官，鸟兽草木移入上林苑。对于私家园林这种铺张之行和无以复加，汉成帝曾"幸商第，见穿城引水，意恨，内衔之未言。后微行出，过曲阳侯第，又见园中土山渐台，似类白虎殿，于是上怒"[12]，并于永始四年诏禁。在风格上，此时私家园林置景粗放，主要为种植广博，动物活鲜，山水配合建筑构成图景。

东汉时，基本延续此情形，植物和动物在一般私家园林中仍然是主要观赏内容，这在出土的画像砖上有清晰表现。如山东微山两城镇出土的水榭人物画像砖上，用浅浮雕刻出的四阿水榭下的水中有鱼、鳖、水鸟，水榭上两人端坐观赏，一人凭栏垂钓[13]；又如1956年江苏铜山苗山出土的宴享画像砖，刻有这样图景：画分两格，下一格为庖厨为主人准备美肴，上一格建筑内有三人扶琴行乐，右院内有树木假山，左上方有飞鸟喙衔[14]。而于主人地位甚高的园林而言，假山、树木、动物均规模胜其一筹。东汉有一个有争议的园林，这就是梁冀园。所谓“有争议”，即该园似乎介于私家园林和皇家园林之间，难以区分。梁冀原本是一皇戚，其妹为皇后，但在顺帝死后，他竟立冲、质、桓三帝，专断朝政近二十年，骄奢粗暴，终被迫自尽。他生前所建的园林，“采土筑山，十里九坂，以象二峭，深林绝涧，有若自然，奇禽驯兽，飞走其间”[15]。园林已由分享自然转向铺陈自然，进而对自然进行模拟和缩景，为私家园林对自然景物的发轫阶段。这个过程与皇家园林在最初的发展情形一致。

但至此，应该看到，私家园林中所体现的对自然的认识还是感性的、肤浅的，正如晋人裴秀《禹贡地图序》曰：“汉时《舆地》及《括地》诸杂图，……各不设分率，又不考正准望，亦不备载名山大川。虽有粗形，皆不精审，不可依据……”。分享自然也好，把对物占有作为目标进行铺陈也罢，同于汉画山林，纯属大概，无细部可观，更不晓知微见著，人们主要关注的是对自然客体的占有和“形”的体认。

(二) 第二阶段：从顺应自然到表现自然(魏晋——唐)

在论及汉以后的魏晋时期私家园林时，有必要探讨一下汉末至魏晋士大夫阶层人格的转变。西汉末叶，士人已不再是无根的游士，而是具有深厚的社会基础的“士大夫”了。这种社会基础，具体地说，便是宗族。士与宗族的结合，便产生了中国历史上著名的士族。东汉的情形是：不是士族跟着大姓走，而是大姓跟着士族走。但到了东汉中叶以后，逐渐显示出政权在本质上与士大夫阶层的重重矛盾，最终籍着士族大姓的辅助而建立起来的政权，还是因为与士大夫阶层失去协调而归于灭亡。而士大夫经过“王莽篡位”时的浩然袭冠毁冕而遁迹于山林[16]，东汉中晚期对应“主荒政谬”的第二次隐逸之后，矛盾的夹缝中找到了一种合适的生活方式，乃归田园居。但隐为其表，逸为其实。到了魏晋南北朝时，士大夫集学、事、爵为一身，在社会上具相当地位，他们的思想、意趣和追求，成就了一代艺术新风，私家园林崇尚自然的审美思想便是在这个阶段得到重要发展的。

一方面，“以无为本”作为出发点的魏晋玄学风行，并显现于对自然山水的追崇。“山水有清音，何必丝与竹”[17]，山水成为对抗门阀的一种依据和象征。造园走出城市选择郊野，宅居置于庄园之中，是一突出体现。史籍上所说的“竹林七贤”，“竹林”就是嵇康在山阳（今江苏淮安）县城郊的一处别墅[18]。

另一方面，士大夫一改汉儒为官作文而转化为个体情绪表达的同时，并未走向对理想的否定方面，人们仍是希望在自然中探求浮游于天地之际并与万物相亲互合的人生观。如陶渊明蔑视功名利禄，不为五斗米折腰，宁愿回到田园去，“种豆南山下”，“带月荷锄归”[19]，并且布置“日涉以成趣”的素朴小园[20]，门前只以柳树为荫，园内唯有竹篱茅舍，但“已矣乎，寓形宇内复几时，曷不委心任去留”[21]，很无奈。又如谢安“于土山营墅，楼馆林竹甚盛，每携中外子侄往来游集，肴馔亦屡费百金，世颇以此讥焉，而安殊不以屑意”[22]。可见，士大夫建私家园林，或简朴或奢侈，都将具体的生活方式，直指人生追求。

这种借助自然山水以怡情的生活方式，在当时成为风尚。临水行祭，以袚除不详，谓之“修禊”，始于三国，但兰亭聚会名为“修禊”，其内涵远远超过原义而升腾为雅致的文化行为。王羲之《兰亭集序》对此有明确表述：“此地有崇山峻岭，茂林修竹，又有清流急湍，映带左右，引以为曲水流觞，列坐其次。虽无丝竹管弦之盛，一觞一咏，亦是以畅叙幽情”。这种本因淡泊情怀取之于自然，但又以自然真情来寄托一种追求的行为，实是一种“逝反”，由大到小再到大，是从“仰观宇宙之大，俯察品类之盛”到“足以极视听之娱”，再及“因寄所托，放浪形骸之外”[23]的过程。

于此情形下的私家园林，择址至为关键。如西晋时石崇的金谷园，便因选位于金谷涧而得名。金谷涧在今河南洛阳市西北，金水发源于铁门县，东南流，经此谷注入瀍水，故名金谷涧，石崇筑园于此。石崇《金谷诗序》云：“有别庐在河南县界金谷涧中，或高或下，有清泉茂林，众果竹柏药草之属，莫不皆备。又有水碓、鱼池、土窟，其为娱目欢心之物备也”。从而可以“感性命之不永，惧凋落之无期”[24]。又如谢灵运《山居赋》所记园址“左湖右江，往渚还汀”，也是选择一可以“逝反”的地方。其范围内“纤陌纵横，塍埒交径”；园中“植物既载，动类亦繁”；山居或“导渠引流”，或“罗层崖于户里”，或“列镜澜于户前”，而最终是为了“欣见素以抱朴”，返古归真。

同时，顺应自然进行营建为突出特点。一是依山傍水栽培植被，如《南史》载谢灵运“穿池植援，种竹树果”；王导西园则是闻郭文“倚木于树，苫覆其上而居焉，亦无壁障”[25]后派人迎置而成，从而“园中果木成林，又有鸟兽麋鹿”[26]；还有《小园赋》的记载“犹得敧侧八九丈，纵横数十步，榆柳三两行，梨桃百余树”[27]二是对自然略为加工，“经始”、“穿筑”和“修理”，如《宋史·刘勔传》“勔经始钟岭之南，以为栖息”；《南史·萧嶷传》“自以地位隆重，深怀退素，北宅旧有园田之美，乃盛修理之”；《南史·孙玚传》“家庭穿筑，极林泉之致”。

再则，已出现人造山林以娱情寄情。北有洛阳张伦宅园“造景阳山，有若自然。其中重岩复岭，嵚崟相属；深蹊洞壑，逦递连接。高林巨树，足使日月蔽亏；悬葛垂萝，能令风烟出入。崎岖石路，似壅而通；峥嵘涧道，盘纡复直”，由于意境逼真，“是以山情野兴之士，游以忘归”[28]。南有会稽司马道子园“山是板筑而作”[29]和吴郡顾辟疆园“池馆林泉之胜”，可以“放荡襟怀水石间”[30]。

借景也成为必然。如谢朓有《纪功曹中园》：“兰亭仰远风，芳林接云崿”之句和另诗“窗中列远岫，庭际俯乔林”[31]。这和梁冀园“窗牖皆有绮疏青琐，图以云气仙灵”，乃霄壤之别。

此时，顺应自然，或择址、或经营、或借景、或创造，主要是因寄所托，关“情”为最。但也应该看到，魏晋南北朝时期的士大夫建造的私家园林，是他们隐为表逸为实的场所，有的园林亭台楼阁备极华丽。因此也才有绿珠跳楼、石崇被杀、园亦被占的事情[32]。有的人寄情山水很勉强，如谢灵运最后还是按捺不住，以至丢了性命。

但到了唐代，情形发生了变化。司勋刘郎中别业，“霁日园林好，清明烟火新。以文常会友，惟德自成邻。池照窗阴晚，杯香药味春。栏前花覆地，竹外鸟窥人。何必桃源里，深居作隐论”。不甘隐居之心道破。确实，隐士最受宠、最春风得意的是在唐代，由于对超然世外的隐逸生活方式被认为是高尚品德的体现，从而在唐代也就特别兴起一股走“终南捷径”的风气。有的是“身在江湖，心在魏阙”，如孟浩然；以“中隐”闻名的是白居易；还有一度“隐于朝堂之上”的“大隐”人士李白；也有因辞官或沦落而退隐的士大夫等。总之，有唐一代，文人在入世行“势”和出世入“道”方面，是最为心安理得和社会给予最宽松的时候，这就使得文人园和城市宅园成为这个时期私家园林的代表。文人园多在风景幽美的地方，而城市宅园多集中于长安、洛阳两京地区。在风格上，唐代私家园林较魏晋时期的立意高远，对待自然，是更积极的利用和开挖，呈现出一种明朗而情理相谐的风貌。

文人园：

1. 王维的辋川别业：王维，知音律，善诗画，以诗画成就为最大，仕途也很顺利，官至尚书右丞，天宝间在辋川隐居，实际上过着亦官亦隐亦居士的生活，但“安史之乱”后宦途失意，辞官到辋川终老。辋川地具山水之胜，溪涧旁通，诸水辐辏，宛如轮辋，故名辋川。其地在今陕西蓝田县西二十里。唐初，诗人宋之问曾卜居于此。王维买下宋氏旧址构筑别业，因在“辋川山谷”而得名，“地奇胜，有华子岗、敧湖、竹里馆、柳浪茱萸沜、辛夷坞”[33]。王维充分利用丰富的自然条件和湖光山色之胜，点缀以亭、桥、馆、坞等，养殖鹿鹤、栽种玉兰，并以地貌和植物命名景点，形成自然之美。也开创了以景为单位经营园林的手法。

2. 白居易的庐山草堂：是白居易在江西庐山所建的山居别业。唐宪宗元和十年（815 年）白居易被贬为江州（今九江）司马，职微事闲，感伤沦落，乃寄情山水，筑园自娱，至爱这充满了自然野趣的草堂，自撰《草堂记》。他写信告诉好友元稹说：“仆去年秋，始游庐山，到东、西二林间，香炉峰下，见云水泉石胜绝第一，爱不能舍，因置草堂。前有乔松十数株，修竹千余竿，青萝为墙垣，白石为桥道，流水周于舍下，飞泉落于檐间，绿柳白莲，罗生池砌，大抵若是。每一独往，动弥旬日。平生所好者，尽在其中，不惟忘归，可以终老”。可见草堂风物之一斑，择址极佳。同时，朴素而多野趣，尺度、材料适于心力，草堂“三间两柱，二室四牖，广袤丰杀，一称心力。洞北户，来阴风，防徂暑也。敞南甍，纳阳日，虞祁寒也。木斵而已，不加丹；墙圬而已，不加白。砌阶用石，幂窗用纸，竹帘纻帏，率称是一”[34]。作为主人的白居易，儒、道、佛兼通，“俄而物诱气随，外适内和，一宿体宁，再宿心恬，三宿后，颓然嗒然，不知其然而然”[35]。这种处处皆宜的适度把握，于庐山草堂为最。

3. 柳宗元的东亭和愚溪园：柳宗元是唐代著名的古典散文作家、哲学家，曾任监察御史。“永贞革新”失败后，被贬为永州司马，后迁柳州刺史。柳曾在柳州风景地筑园，其所写的柳州八亭记中的东亭，就是一例[36]。另一例子是愚溪园，柳在著名的《愚溪诗序》中曰：“余以愚触罪，谪潇水上。爱是溪，入二、三里，得其尤绝者，家焉。……故更之为愚溪”。但柳公于此园显然不是为了享受，凡所修筑的小丘细泉、水沟池塘、亭堂岛屿，都以“愚”称，借以讥时刺世，抒泄孤愤。“嘉木异石错置，皆山水之奇者，以余故，咸以愚辱焉”[37]。柳《与杨诲之书》曰：“方筑愚溪东南为室，耕野田，圃堂下，以咏至理”。可见一种寓情于理的造园手法已出现。

在这里，我们看到，唐代的文人园意境在先，主人以自然为探索对象时是自觉的；在手法上，是有秩序的寻美和对自然的反映。至于洛阳宅园，则多在东南，即在洛河南罗城内外，其中以定鼎街东园林最多最好，只因一是洛南多为公侯将相和富豪的住宅；二是洛南伊、洛两河夹川，水源丰富且观景极佳，这也是有意识地寻美。

城市宅园：

1. 白居易的洛阳履道坊园：该园在洛阳都城的东南隅，白居易在《池上篇》序后有诗附录，可作为宅园的一个概括：“十亩之宅，五亩之园。有水一池，有竹千竿。勿谓土狭，勿谓地偏。足以容睡，足以息肩。有堂有亭，有桥有船，有书有酒，有歌有弦。有叟在中，白须飘然，识分知足，外无求焉。”在布局上，有承袭有开创，袭为一池三岛，创则为环池开路；园小而景有隔焉，初作西平桥，又作高平桥，近则有“灵鹤怪石，紫菱白莲，皆吾所好，尽在吾前”[38]。白居易追求的意境，“如鸟择木，姑务巢安。如蛙居坎，不知海宽。……时引一杯，或吟一篇。妻孥熙熙，鸡犬闲闲。”便在这幽僻尘嚣之外的园中获得。

2. 裴度的午桥庄：《旧唐书·裴度传》载，裴度于“东都立第于集贤里，筑山穿池，竹木丛萃，有风亭水榭，梯桥架阁，岛屿回环，极都城之胜概。又于午桥创别墅，花木万株，中起凉台暑馆，名曰‘绿野堂’。引甘水贯其中，醴引脉分，映带左右”。很注意组景，“引水多随势，栽松不趁行”[39]。

唐代的私家园林除采用借景外，已很注意怎样将好景引渡和表现出来，纳景、组景、近观、细玩等手法出现。如“流水周于舍下，飞泉落于檐间” （庐山草堂)[40]，这是纳景；“卉木台榭，如造仙府。有虚槛对引，泉水萦回” （平泉山居)[41]，这是组景；“百仞一拳，千里一瞬，坐而得之” （太湖石记)[42]，这是近观；1972年发掘的唐代章怀太子墓前甬道东壁上绘有一侗女双手托一盆景，这是细玩。另外，此时大量种植树木以求得天然野趣，也是一大特色。辋川别业有“木兰柴”、“鹿柴”[43]；庐山草堂“环池多山竹野卉”、“夹涧有古松老杉”；杜甫浣花溪草堂园中花繁叶茂，不少树木从亲友觅来[44]；《平泉山居草木记》所记园中珍稀草木近70种。

在主体和客体的关系上，唐代私家园林已从魏晋南北朝时期的顺应自然转向表现自然。意境之深远，不在于园林规模、景物丰富，而在于合情合理。白居易《小宅》“庾信园殊小，陶潜屋不丰。何劳问宽窄，宽窄在心中”；柳宗元《永州韦使君新堂记》“逸其人，因其地，全其天”，均此之谓。这种有手法、有感情、情理相依的状态和追求，用柳宗元的话概括，曰：“心凝神释，与万化冥合”。

注释

①辞海“私家”条目．上海辞书出版社，1979

②国语·晋语四．文公修内政纳襄王

③诗经中小雅·南有嘉鱼、南山有台、蓼萧、湛露、信南山、甫田、頍弁、采菽描绘贵族宴饮、祭祀、劝农祈福等活动均和园圃有关。 （下转111页）

石 城 辩

郭湖生

南京城西清凉山西北，有一处天然山崖与明代城垣相连，俗称“鬼脸城”。近处有江苏省人民政府立的文物保护单位标志牌，说这里是“石头城”，建于东汉建安十七年云。根据历史记载，建安十六年，孙权自京口（今镇江）徙治秣陵。建安十七年（公元212年），“城金陵邑地，号石头，改秣陵为建业。”这就是在此设置“石头城”标志的来历。今年5月23日，报载“鬼脸城”处考古发现了六朝时期的城垣遗迹，于是认为“石头城有迹可寻了”。

“鬼脸城”处的六朝时期的城垣遗迹是不是“石头城”？这确实是个问题。因为石头城自古是军事必争之地，它附近沿江有山岗连绵，历史上曾修筑过营垒。例如，梁朝末年侯景占据建康，拒王僧辩、陈霸先的来攻。“侯景登石头，望官军之盛不悦，……乃使卢晖略守石头，自于石头城北筑数垒，而据高岭以拒霸先。”石头城首先是军事要塞、屯兵囤粮之处，其次又是商旅泊舟处。当时政府在此设“石头津”以检察商旅、抽什一之税。《隋书》食货志综述隋以前各朝的经济贸易情况说：“晋自过江，凡货卖奴婢马牛田宅，有文券。率钱一万，输估四百入官，……无文券者，随物所堪，亦百分收回，名为散估。历宋齐梁陈，如此以为常。以此人竞商贩，不为田业。……又都西有石头津，东有方山津，各置津主一人，贼曹一人，直水五人，以检察禁物及亡叛者。其获炭鱼薪之过津者，并十分税一，以入官。其东路无禁货，故方山津检察甚简。淮北有大市百余，小市十余所。大市备官司，税敛既重，时甚苦之。”

津是水路运输检察收税之所，商旅在此过津停泊候检，为数甚多。江涛风浪，也可在此暂避。有时大风浪成灾，江水浸入石头城，历史记载谓之“涛入石头”。《晋书》所记东晋一百余年中有七次。其中元兴三年（公元404年）的一次：“其明年（安帝元兴三年）二月庚寅夜，涛水入石头，商旅方舟万计，漂败流断，骸胔相望。江左虽屡有涛变，未有若斯之甚。”一次风涛漂败很多舟船，浮尸无数，可以想见“方舟万计”的繁盛情景。而石头城濒临江岸滩地，风浪大时，涛水涌入城内，也可想见。

石头城的地形地貌，由齐末陈初侯安都攻打石头城的历史故事，可进一步得知。《陈书》列传2侯安都传记云：“高祖（陈霸先）谋袭王僧辩，诸将莫有知者，唯与安都定计。乃使安都率水军自京口（今镇江）趋石头，高祖自率马步从江乘罗落会之。安都至石头北，弃舟登岸，僧辩弗之觉也。石头城北接岗阜，雉堞不甚危峻。安都被甲带长刀，军人捧之投于女垣内，众随之而入，进逼僧辩卧室。高祖大军亦至，与僧辩战于听事前。安都自内阁出，腹背击之，遂擒僧辩。”

王僧辩和陈霸先都是梁元帝派来消灭侯景、收复建康的大将。王僧辩是主帅，派陈霸先驻屯京口。不久梁元帝在江陵被西魏俘杀，王陈因迎立何人继承帝位产生矛盾，导致陈霸先决策消灭王僧辩而奇袭得手，决定了此后陈朝的奠立和梁朝的终结，是一次决定性的战事。

这里描写的石头城相当真实具体，值得分析。首先，侯安都是率水军由京口迳达石头城，“至石头北，弃舟登岸。”说明石头城北有河道可以通江。而石头城的北侧，城墙“不甚高峻”。雉堞又叫女墙，是城上用以避箭并有间隙以窥射外敌的构造。此处不高，所以侯安都虽“被甲带长刀”可以由军卒们“捧而投于女垣”内侧。王僧辩没有提防陈霸先的偷袭，更没有警戒来自背后北侧的攻击，所以当与南侧正面攻入的陈霸先所率士卒战斗时，对侯安都自背后出现猝不及防，腹背受敌。陈有备而来，王则仓促应战，导致失败，结果为陈“缢而斩之”。三十多年之后，王僧辩的儿子王颁，随隋军攻灭陈朝而至江南，掘开陈霸先的陵墓，焚骨扬灰以报父仇。隋文帝义之，竟“舍而不问”。

石头城轮广范围七里一百步，北侧有河道可以通江，且依岗阜，应是缓坡地貌，不是悬崖峭壁如今之“鬼脸城”者。按史书描写的石头城，应是今汉中门北南京中医学院校区所在土岗，北侧为乌龙潭狭长水池，以闸洩水。汉中门明代本名石城门，当依其近石头城或竟为石头城址的一部分（城之南门至秦淮河入江口）而得名。南唐筑金陵城，秦淮水入江处已有改变，明代筑城，石头城区更有较大变化。千年来江岸北移，石头城滨江要塞的形势已不复存。我们今天只能从历史记载中追摹当日情景。

又，刘宋末年，皇帝（后追改为苍梧王）被大将萧道成派去的心腹刺死，萧道成扶立年幼的皇弟安成王为傀儡皇帝，自己掌握大权，引起朝中大臣不满和地方实力派的反叛。地方实力派以荆州刺史沈攸之的起兵来袭是最大威胁，此时朝中大臣以袁粲为首乘机据石头城也谋划起兵响应。但是机密洩露，丹阳丞王逊告变，萧道成先下手为强。萧道成入驻朝堂，除去袁党刘韫、卜伯兴。派人去石头城攻打袁粲、刘秉。其中戴僧静和苏烈是萧道成安插在袁粲身旁的心腹。

《南齐书》卷30戴僧静传云：“沈攸之事起，太祖入朝堂，僧静为军主（一军主统500人，相当营长），从袁粲据石头。太祖遣僧静将腹心先至石头，时苏烈据仓城，僧静射书与烈，夜缒入城。粲登城西南门，列烛处分，台军至，射之，火乃灭，回登东门。……僧静率力攻仓门，身先士卒，僧静手斩粲，于是外。军烧门入。”

同书薛渊传述此役经过云：“沈攸之难起，太祖入朝堂，豫章王嶷代守东府，使渊领军屯司徒左府，分备京邑。袁粲据石头，豫章王嶷夜登（东府）西门遥呼渊，渊惊起，率军赴难，先至石头焚门攻战。事平，明旦众军还集杜姥宅，街路皆满，宫门不开。太祖登南掖门楼处分众军各还本顿。至食后，宫城门开，渊方得入见太祖，且喜且泣。”这里也提到焚门攻战。

另一名萧道成的心腹亲信纪僧真也经历此事，《南史》卷77纪僧真传云：“高帝（萧道成）坐东府高楼望石头城，僧真在侧。上曰：‘诸将劝我诛袁、刘，我意未愿便尔’。及沈攸之事起，高帝入朝堂。石头反夜，高帝遣众军掩讨。宫城中望石头火光及叫声甚盛，人怀不测。僧真谓众曰：叫声不绝，是必官军所攻。火光起者，贼不容自烧其城，此必官军胜也。寻而启石头平。”

以上有关记载，都提到焚门攻战之事，提到宫中（即台城）可以望见火光，听见喊声。固然，夜阑人静，声音可以传远，而如有高大山岭遮蔽火光则不可能看见。鬼脸城处清凉山的西北方，为清凉山屏蔽，如果火光自鬼脸城发出，宫城中不可能看见。因此，宫城即台城与石头城的位置关系也应弄清楚。

我在《台城辩》（《文物》1999年第5期）一文中说明六朝台城不可能在鸡鸣寺之北山地上。究竟应在何处呢？台城前有御街，自大司马门南出达宣阳门（二里），再南达朱雀门和朱雀桁（六里）。《建康实录》记载了“今县”和御街的关系。而“今县”就是唐代的江宁县（唐上元二年改为上元县则《实录》所不及载）。

《建康实录》开始的一段里说：“晋永嘉中，王敦始为建康，创立州城，今江宁县城，所置在其西偏，其西即吴时冶城，东则运渎，吴大帝所开，今西州桥水是也。”以此为基点，根据《实录》所载里距，即可以推算。《实录》卷19：“中堂在宣阳门内路西，今县城东一里二百步。”按六朝尺度，御街距县约850～900m。又，《实录》卷8：“鼓城寺在今县东南三里，西大门临古御街。”以此推算寺距县约920m，在御街东。如六朝时之御街与南唐的御街指向相仿（均指向牛首山，即北偏东18°），则二者大致重合。宣阳门址约在今内桥处，而大司马门址约在今中山东路市体育馆附近。建康台城是有角楼的，故前文所说由宫中眺望石头，有可能在西南角楼处。则距我们上文分析的石头城更近一些了，历史记载的可能性更进一步得到验证。而“鬼脸城”处如为“石头城”，这些记载均无法说通。

当然，归根结蒂，要由考古发掘来证明。文献研究，应指出大致范围，而不应给以误导，以致错失时机，或误入歧途。我认为，“鬼脸城”不可能是“石头城”，其理由已如上文所述。

石头城，据顾野王（陈）《舆地志》：“石头山环七里一百步。”有东西南北四门，各有城楼。城内又有仓城，有烽火楼，在城西南最高处，又有入汉楼，在石头城南，并有廨舍营房等。规模甚为宏大开扩。清灭陈之后，宫城（台城）下令荡平耕种，而石头城则予以保存，并设立蒋州于此。而扬州则由建康改至广陵，也就是今天的扬州了。

郭湖生，东南大学教授，博士研究生导师

（上接108页）

④左传·昭公二年

⑤左传·襄公四年

⑥楚辞·九歌·湘夫人

⑦史记·郦其食传

⑧金汉文卷四二

⑨桓宽．盐铁论·散不足

⑩三辅黄图卷四

⑪西京杂记卷第三

⑫汉书·成帝纪

⑬东汉两城镇仙人·水榭人物画像，常任侠．中国美术全集·绘画编18·画像石画像砖．上海人民美术出版社，1988。

⑭东汉宴享画像，常任侠．中国美术全集·绘画编18·画像石画像砖，上海人民美术出版社，1988。

⑮后汉书．列传二四·梁冀传

⑯范晔．后汉书．逸民列传

⑰左思．招隐

⑱艺文类聚．六十四引述征记

⑲陶潜．归园田居．共5首，此为其三。

⑳陶潜．归去来兮辞并序“园日涉以成趣，门虽设而常关”。

㉑陶潜．归去来兮辞并序

㉒晋书·谢安传

㉓王羲之．兰亭集序

㉔全汉三国晋南北朝诗·全晋诗

㉕晋书·郭文传

㉖晋书·王导传

㉗庾信．小园赋

㉘洛阳伽蓝记．卷第二

㉙晋书·会稽文孝王道子传

㉚吴郡志．卷十四

㉛谢朓．郡内高斋闲坐答吕法曹

㉜绿珠为妓人，美而工笛，石崇为其建绿珠楼。时，孙秀为求得绿珠与石崇动怒，并诏崇。崇谓绿珠曰“我今为尔得罪”，绿珠泣曰“当效死于官前”。因自投于楼下而死。参见．晋书·石崇传

㉝新唐书·王维传

㉞白居易集·草堂记

㉟白居易集·草堂记

㊱柳河东集·柳州八亭记

㊲古文观止．卷之九．愚溪诗序（注：愚溪：在唐代永州灌阳境内灌水的南面，即今广西灌阳的灌江南，原名“冉溪”、“染溪”，作者改称之“愚溪”。倪其心、费振刚等选注．中国古代游记选．中国旅游出版社，1985）

㊳白居易．池上篇序后附录

㊴白居易．奉和裴令公新成午桥庄、绿野堂即事

㊵白居易．与元稹书

㊶康骈．剧谈录

㊷白居易集．卷下

㊸鹿柴，即栅栏。是王维辋川别业二十处胜境中的一处。

㊹见杜甫．诣徐卿觅果栽、凭何十一少府邕觅桤木栽、从韦二明府续处觅绵竹

陈薇，东南大学建筑系教授，博士生导师

（待续）

《建筑师》购书办法

《建筑师》自1979年创刊以来，受到广大读者的欢迎。截止1999年底，已出版91期。

长期以来，由于发行渠道不畅通，读者纷纷反映当地书店购不到本刊物。为了解决这个问题，我们特聘专人从事刊物的邮购工作。现将有关邮购办法函告如下：

一、免收邮费。

二、《建筑师》每逢双月底出版，若出版一个月后仍未收到刊物，请函告，以便查询。

三、书款由银行汇出者，请汇至北京华夏意匠书店，帐号：81944826，开户行：华夏银行北京甘家口支行。

四、书款由邮局汇出者，请汇至北京西郊百万庄中国建筑工业出版社两刊编辑部于志公收，邮政编码100037。

五、华夏意匠书店电话：010—68394313；两刊编辑部电话：010—68340809、68393828。

六、购书者请在汇款单上注明期数、册数。

期　号	1999年						2000年						2001年					
	86	87	88	89	90	91	92	93	94	95	96	97	98	99	100	101	102	103

联系人		单价	20元/期	总册数		总金额	元
详细地址							
邮　　编		电话			传真		
备　　注							

注：①此表可复印；

②若邮购其他年份出版的《建筑师》请在备注栏中注明期号。

中国建筑工业出版社《建筑师》编辑部

北京华夏意匠书店

1999年11月30日